ISSN 0021-1915

17. JAHRGANG · SEITEN 41—84 · BERLIN FEBRUAR 1981

IPRAX 17 17 (2) 41—84 (1981) 32036

2

isotopenpraxis

THEORIA CUM PRAXI

EVP 9,— M

AKADEMIE-VERLAG

An unsere Autoren

Die Zeitschrift veröffentlicht Beiträge zu folgenden Themen: Kontrolle und Analyse radioaktiver und stabiler Isotope, Anwendung radioaktiver und stabiler Isotope in allen Gebieten der Forschung und Technik der Industrie, Landwirtschaft und Medizin, Herstellung radioaktiver und stabiler Isotope sowie von markierten Verbindungen, kernelektronische Geräte für die Isotopenanwendung (Dickenmesser, Dichtemesser u. ä.) Detektoren für isotopentechnische Arbeiten und den Strahlenschutz in Isotopenlaboratorien, Meßtechnik und Strahlenschutz, Dosimetrie in Isotopenlaboratorien, kerntechnische Geräte für die Isotopenanwendung (Beton, Bestrahlungsanlagen u. ä.), Strahlenchemie, Radiochemie, ökonomische und perspektivische Fragen, Fragen der Weiterbildung.

1. Aufnahme von Manuskripten

Zur Veröffentlichung angenommen werden nur durckreife, noch nicht anderweitig publizierte Beiträge in deutscher, englischer oder russischer Sprache zum Themenbereich der Zeitschrift und zwar

Originalarbeiten
Kurze Originalmitteilungen
Yus der Praxis
Zusammenfassende Berichte
Tagungsberichte
Informationen.

Sind der Beitrag oder Teile daraus bereits veröffentlicht oder ist eine anderweitige Veröffentlichung vorgesehen, so muß dies der Redaktion mit genauer Angabe der Zweitveröffentlichung mitgeteilt werden. Mit der Annahme des Manuskriptes behält sich der Verlag das Recht der Vervielfältigung, Verbreitung und Übersetzung innerhalb der gesetzlichen Schutzfrist vor. Auszugsweiser Nachdruck oder photomechanische u. a. Wiedergabe sind an eine schriftliche Genehmigung des Verlages gebunden. Manuskripte, Zeichnungen und Photos von veröffentlichten Arbeiten werden nur auf den besonderen und bis zum Zeitpunkt der Veröffentlichung mitgeteilten Wunsch des Autors zurückgesandt.
Bei der unverlangten Einreichung von Manuskripten wird empfohlen, eine Befürwortung eines der Herausgeber oder Redaktionsausschußmitglieder beizufügen.
Manuskripte sind einzureichen bei der Redaktion, DDR-1080 Berlin, Leipziger Str. 3–4.

2. Form der Manuskripte

Die Autoren werden gebeten:
2 Manuskripte, eines davon in Original-Maschinenschrift, einseitig und mit 2zeiligem Abstand einzureichen; gut leserliche Photokopien sind zulässig; auf dem 1. Blatt (unter Weglassung der Bezeichnung)
den Titel der Arbeit
Vorname-Initialen und Namen sämtlicher Autoren
gegebenenfalls die Institution, in der sie tätig sind
eine kurze Zusammenfassung der Arbeit von höchstens 15 Zeilen
Keywords in alphabetischer Reihenfolge und
als Fußnote die Anschrift der Institution anzugeben;
wenn möglich auf gesonderten Blättern Namen, Titel der Arbeit und Zusammenfassung in den beiden anderen obengenannten Sprachen 2fach beizufügen;
Literaturhinweise (fortlaufend numeriert), Fußnoten, Tabellen, Abbildungen (in etwa 2facher Veröffentlichungsgröße), Abbildungsunterschriften (getrennt von den Abbildungen, mit Zeichenerklärungen, Quellenangaben, falls erforderlich, und gegebenenfalls mit einem Vermerk für besondere Wünsche bezüglich der Abbildungsgröße), private und Dienstanschrift der Verfasser mit akademischen Titeln und ausgeschriebenen Vornamen auf besonderen Blättern ans Ende des Manuskriptes zu stellen;
Wünsche für den Kolumnentitel (Seitenüberschrift) bekanntzugeben;
Absätze durch Einzüge von mindestens 3 Anschlägen kenntlich zu machen; die Maßeinheiten des SI-Systems ("Système International") zu verwenden; Korrekturen im Manuskript unmittelbar an der zu korrigierenden Stelle anzubringen;
Formeln deutlich lesbar und möglichst groß einzutragen;
Farbabbildungen und nachträgliche Änderungen oder Ergänzungen in Abbildungen zu vermeiden;
hervorzuhebende Textellen zu unterstreichen, und zwar halbfetten Satz mit einer geraden schwarzen Linie, kursiven Satz (Schrägschrift) mit einer blauen Wellenlinie (alle Eigennamen). Sperrungen gestrichelt;
besondere Buchstaben durch farbige Unterstreichung zu kennzeichnen, und zwar Formelzeichen in

Griechisch-Kursiv ($\alpha, \beta, \ldots$) rot,
Kursiv ($A, B, \ldots$) blau
halbfetter Kursiv ($\boldsymbol{A}, \boldsymbol{B}, \ldots$) 2 Linien blau (Vektoren),
halbfetter Grotesk ($\mathbf{A}, \mathbf{B}, \ldots$) 2 Linien violett (Tensoren);

bei Literaturangaben auf Vollständigkeit zu achten. In nachstehender Reihenfolge müssen angegeben sein:

a) bei *Zeitschriften*: Vorname-Initialen und Namen sämtlicher Autoren Titel der Zeitschrift (nach „Periodica Chimica" oder möglichst wenig gekürzt), Bandnummer (unterstrichen), Jahreszahl (in Klammern), Heftnummer (nur bei Zeitschriften, die jedes Heft mit S. 1 beginnen) sowie die Seitenzahl, auf der die zitierte Arbeit beginnt.

b) bei *Büchern*: Initialen der Vornamen und Name des Autors (Herausgeber werden durch den Zusatz „ed." gekennzeichnet), voll ausgeschriebener Titel des Buches in der Originalsprache, evtl. Bandnummer, voll ausgeschriebener Name des Verlages, Nummer der Auflage (außer der ersten), Erscheinungsort(e), Erscheinungsjahr (hier nicht in Klammern setzen!) und evtl. Kapitelnummer, Seitenzahl u. ä.

c) bei *Sammelbänden, Tagungsberichten*: Es soll zusätzlich der Titel des zitierten Beitrags angegeben werden. Die Seitenzahl muß unbedingt angegeben werden. Aus dem Zitat muß hervorgehen, ob es sich um einen Tagungssammelband oder um einen noch nicht veröffentlichten Vortrag handelt. Zwischen Tagungsort und Erscheinungsort des entsprechenden Tagungsberichts ist zu unterscheiden.

3. Korrekturen

Der Autor erhält zwei Umbruchabzüge, von denen einer möglichst schnell korrigiert an die Redaktion zurückgereicht werden soll. Auf Wunsch des Autors kann die Korrektur auch von der Redaktion geelesen werden.
Durch nachträgliche Manuskriptänderungen verursachte Korrekturkosten gehen, sofern sie 10% der Satzkosten übersteigen zu Lasten des Autors.
Der Autor erhält 50 Sonderdrucke kostenlos. Weitere Sonderdrucke können bis zur Rückgabe der Korrekturabzüge auf Kosten des Autors bei der Redaktion bestellt werden.

Bezugsmöglichkeiten

Bestellungen sind zu richten

- **in der DDR** an den Postzeitungsvertrieb; an eine Buchhandlung oder an den AKADEMIE-VERLAG, DDR-1080 Berlin, Leipziger Straße 3–4
- **im sozialistischen Ausland** an eine Buchhandlung für fremdsprachige Literatur oder an den zuständigen Postzeitungsvertrieb
- **in der BRD und Berlin(West)** an eine Buchhandlung oder an die Auslieferungsstelle KUNST UND WISSEN, Erich Bieber, OHG, D-7000 Stuttgart 1, Wilhelmstraße 4–6
- **in Österreich** an den Globus-Buchvertrieb, A-1201 Wien, Höchstädtplatz 3
- **in den übrigen westeuropäischen Ländern** an eine Buchhandlung oder an die Auslieferungsstelle KUNST UND WISSEN, Erich Bieber GmbH, CH-8008 Zürich/Schweiz, Dufourstraße 51
- **im übrigen Ausland** an den Internationalen Buch- und Zeitschriftenhandel; den Buchexport, Volkseigener Außenhandelsbetrieb der Deutschen Demokratischen Republik, DDR-7010 Leipzig, Postfach 160; oder an den AKADEMIE-VERLAG, DDR-1080 Berlin, Leipziger Straße 3–4

Zeitschrift „Isotopenpraxis"

Herausgeber: Im Auftrag des Akademie-Verlages herausgegeben von Prof. Dr. Justus Mühlenpfordt und Prof. Dr. Carl Friedrich Weiss
Verlag: Akademie-Verlag, DDR-1080 Berlin, Leipziger Straße 3–4; Fernruf: 2236221 oder 2236229.: Telex-Nr. 114420;
Bank: Staatsbank der DDR, Berlin, Kto.-Nr.: 6836-26-20712
Chefredakteur: Dr. Klaus Uhlig, Berlin
Anschrift der Redaktion (Fernruf: 6351177) der Zeitschrift Isotopenpraxis: Akademie-Verlag, DDR-1080 Berlin, Leipziger Str. 3–4
Veröffentlicht unter der Lizenznummer 1527 des Presseamtes beim Vorsitzenden des Ministerrates der Deutschen Demokratischen Republik
Gesamtherstellung: VEB Druckerei „Thomas Müntzer", DDR-5820 Bad Langensalza
Erscheinungsweise: Die Zeitschrift „Isotopenpraxis" erscheint monatlich. Die 12 Hefte eines Jahrganges bilden einen Band. Bezugspreis je Band 180,— M zuzüglich Versandspesen Preis für die DDR 108,— M) Preis je Heft 15,— (Preis für die DDR 9,— M)
Bestellnummer dieses Heftes: 1079/17/2

AN (EDV) 12831

ISSN 0021-1915

ISOTOPENPRAXIS

Redaktion und Verlag: Akademie-Verlag, Redaktion Isotopenpraxis, 1080 Berlin, Leipziger Straße 3–4

Band 17 (1981) Heft 2, S. 41–84

Inhaltsverzeichnis

(Fortsetzung des Inhaltsverzeichnisses auf der Rückseite des 2. gelben Blattes)

ISOTOPENPRAXIS

Redaktion und Verlag: Akademie-Verlag, Redaktion Isotopenpraxis, 1080 Berlin, Leipziger Straße 3—4

Band 17 (1971) Heft 2, S. 41—84

Contents

M. Roesseler, R. Suess

Possible Uses of Cesium and Strontium Yielded as Products of the Fission of Nuclei

Isotopenpraxis 17 (1981) No. 2, p. 41 to 46
— Fig., 6 Tab., 18 Ref.

Continuous increase of the capacity of nuclear power stations will yield increasing quantities of fission products in the future, which may be utilized. The separation of fission elements depends on the availability of suitable reprocessing plants and of separation technologies. Uses of ^{137}Cs as gamma-radiation source and of ^{90}Sr as energy or heat source are indicated, and advantages and disadvantages, as compared with other techniques, are discussed.

Articles

D. Luther, H.-C. Abendroth, H. Koch, W. Steinke, W. Kochmann

Tracer Investigations on the Synthesis of 2-Chlorethylphosphonic Acid as Plant Growth Regulator

Isotopenpraxis 17 (1981) No. 2, p. 46 to 49
2 Fig., 2 Tab., 12 Ref.

Single steps of the synthesis of 2-chloroethylphosphonic acid (I) are given as example that in some exact accounts on the reactivity of intermediates and the final product in multi-component systems may only be obtained by use of isotope-labelled compounds. Acidolysis of bis-(2-chloroethyl)-2-chloroethylphosphonate (II) with gaseous HCl has been found to proceed in a complex mechanism, including rearrangements caused by shifting of β-chloroethyl groups. Results obtained are discussed and reatcion rate constants for single steps of that mechanism have been calculated. Vinylphosphonic acid (III), a potential by-product of the synthesis of (I) is most probably formed by a preceding thermal dehydrohalogenation of (II), followed by acidolytic cleavage of the intermediate bis-(2-chloroethyl) vinylphosphonate.

K. Wetzel, J. Dermietzel, F. Bauer, W. Jockisch, M. Roesseler, Ch. Wienhold, J. Klempin, H. Franke, W. Thomas

Techniques and Results of Tracer Experiments on Catalytic Reactions of Hydrocarbons

Isotopenpraxis 17 (1981) No. 2, p. 50 to 54
9 Fig., 1 Tab., 10 Ref.

Tracer techniques are a helpful instrument for investigation of catalytic hydrocarbon reactions. In this paper some experimental results using ^{14}C labelled compounds are given. The main subjected are the formation of benzene at the reforming process and mechanisms at the isomerization of xylenes and ethylbenzen.

H.-W. Thuemmel

A Percentile Diffusion Depth Concept of Fast Electrons

Isotopenpraxis 17 (1981) No. 2, p. 55 to 61
5 Fig., 4 Tab., 40 Ref.

The diffusion depth of fast electrons has been derived from the continuous diffusion theory of Bothe and defined as a percentile quantity, which give that fraction of the electron beam which has reached a diffusion state. This renders possible to improve the conception of a diffusion depth, to explain the discrepancies between experimental diffusion depths applying different criteria, and their connection with the theoretical diffusion depths.

Содержание

М. Ресселер, Р. Сюсс

Возможности использования получаемых от деления ядер продуктов — цезия и стронция

Isotopenpraxis 17 (1981) вып. 2, стр. 41 до 46
— рис., 6 табл., 18 лит.

В связи с постоянным расширением мощности атомных электростанций, в будущем возрастающие количества продуктов деления будут получены, которые можно использовать. Получение элементов деления зависит от наличия перерабатывающих установок и технологий отделения. Приводятся возможности использования ^{137}Cs в качестве источника гамма-излучения и ^{90}Sr как источник энергии и тепла, а также преимущества и недостатки отдельных вариантов использования в сопоставлении с другими способами.

Статьи

Д. Лутер, Х.-Ц. Абендрот, Х. Кох, В. Штайнке, В. Кохман

Индикаторные исследования по синтезу 2-хлорэтанфосфоновой кислоты в качестве регулятора роста растений

Isotopenpraxis 17 (1981) вып. 2, стр. 46 до 49
2 рис., 2 табл., 12 лит.

На примере отдельных степеней синтеза 2-хлорэтанфосфоновой кислоты (I) в качестве регулятора роста растений показывается, что в отношении химических многокомпонентных систем точные данные о механизмах реакции можно получить только с помощью меченых изотопами соединений. Для ацидолитического расщепления бис(2-хлорэтил) эфира (II) 2-хлорэтанфосфоновой кислоты как промежуточного продукта синтеза приводится комплексный механизм и определяются относительные константы скорости происходящих парциальных реакций. Образование винилфосфоновой кислоты (III) в качестве побочного продукта проходит путем ацидолиза образуемого при предварительной дегидрогалогенизации из (II) бис(2-хлорэтил) эфира винилфосфоновой кислоты.

К. Ветцель, И. Дермитцель, Ф. Бауер, В. Йокишь, М. Ресселер, Х. Вийнхольд, И. Клемпин, Х. Франке, В. Томас

Методика и результаты индикаторных экспериментов по каталитическим реакциям углеводородов

Isotopenpraxis 17 (1981) вып. 2, стр. 50 до 54
9 рис., 1 табл., 10 лит.

Индикаторные методы могут делать важный вклад в выявление каталитических реакций углеводородов. В настоящей работе приводятся некоторые результаты многолетних исследований с соединениями мечеными ^{14}C. В частности освещаются реакций образования бензола в связи с риформингом легкого бензина и механизмы реакции в связи с изомеризацией ароматов C_8.

Х.-В. Тюммель

Концепт процентной глубины диффузии быстрых электронов

Isotopenpraxis 17 (1981) вып. 2, стр. 55 до 61
5 рис., 4 табл., 40 лит.

Глубина диффузии быстрых электронов выводится из обратного распределения по глубине постоянной теории диффузии по Боте и принимается как процентная величина, показывающая какая доля электронов первичного пучка диффундирует. Это позволяет уточнить понятие „глубины диффузии", выявить расхождение между определившимися по различным критериям экспериментальными глубинами диффузии, а также установить связь с теоретическими глубинами диффузии.

Nutzungsmöglichkeiten der bei der Kernspaltung gebildeten Spaltprodukte Cäsium und Strontium

M. Rösseler, R. Süß

(Zentralinstitut für Isotopen- und Strahlenforschung der AdW der DDR)[1]

Herrn Prof. Dr. phil. habil. *C. F. Weiss* zum 80. Geburtstag gewidmet

Durch die ständige Erweiterung der Kernkraftwerkskapazität werden in Zukunft steigende Mengen von Spaltprodukten gebildet, die einer Nutzung zugeführt werden können. Die Bereitstellung der Spaltelemente ist vom Vorhandensein geeigneter Wiederaufbereitungsanlagen und Abtrenntechnologien abhängig. Es werden Einsatzmöglichkeiten von ^{137}Cs als γ-Strahlungsquelle und ^{90}Sr als Energie- bzw. Wärmequelle dargestellt sowie Vor- und Nachteile der einzelnen Anwendungsvarianten gegenüber anderen Verfahren diskutiert.

Keywords

cesium 137; irradiation plants; irradiation procedures; radioisotope batteries; spent fuels; strontium 90

1. Einleitung

Durch die weitere Inbetriebnahme von Kernkraftwerken zur Produktion von Elektro- und Wärmeenergie steigt die Menge der bei der Kernspaltung gebildeten Spaltprodukte und Transuranelemente an. Neben der Notwendigkeit der sicheren Deponie dieser z. T. hochradioaktiven Produkte besteht die Möglichkeit, im Rahmen der Wiederaufarbeitung abgebrannter Kernbrennelemente einige Elemente abzutrennen und sie einer volkswirtschaftlichen Nutzung zuzuführen.

Neben den Transuranelementen sind die wenig radioaktiven Spaltprodukte Pd, Rh und Tc hinsichtlich der Nutzung ihrer Elementeigenschaften als Katalysatoren, als Korrosionsinhibitoren bzw. als Bestandteile supraleitfähiger Legierungen interessant. Andere Spaltprodukte wie ^{147}Pm, ^{137}Cs bzw. ^{90}Sr können als Strahlen- oder Wärmequellen Verwendung finden.

Tab. 1. Entsprechend der Entwicklung der KKW-Leistung gebildete Mengen an ^{90}Sr und ^{137}Cs

KKW-Leistung		pro Jahr gebildete Spaltproduktmenge, kg	
		^{90}Sr	^{137}Cs + ^{134}Cs
kg/GW$_e$ · a	Leichtwasserreaktor, Abbrand: 25000 MWd/tU	18,0	41,6
Leistung der in Betrieb befindlichen KKW im Juni 1979			
DDR:	1,4 GW$_e$	25,0	58
RGW:	14,3 GW$_e$	257	595
Welt:	117,4 GW$_e$	2115	4885
Leistung der bis 1985/87 betriebenen oder in Bau befindlichen KKW			
DDR:	2,7 GW$_e$	49	112
RGW:	34,8 GW$_e$	626	1448
Welt:	407,6 GW$_e$	7335	16955

Voraussetzung für die Nutzung von Spaltprodukten ist die Erarbeitung von Technologien, mit deren Hilfe einzelne Spaltprodukte mit einem ökonomisch vertretbaren Aufwand gewonnen werden können. Untersuchungen zur Abtrennung von Pd, Tc und Cs werden seit einigen Jahren in unserem Institut durchgeführt [1, 2]. Entsprechend der heute in der Welt installierten KKW-Leistung und der bis 1987 abschätzbaren Entwicklung der Kernenergie werden schon gegenwärtig allein in den Kernkraftwerken der DDR pro Jahr ca. 25 kg ^{90}Sr/^{90}Y ($2{,}5 \cdot 10^{17}$ Bq = 6,8 MCi) und ca. 58 kg ^{137}Cs/^{137m}Ba und ^{134}Cs ($8 \cdot 10^{17}$ Bq = 22 MCi) erzeugt [3, 4]. Diese Menge wird sich, wie aus Tab. 1 ersichtlich ist, bis 1987 etwa verdoppelt. Damit stehen potentiell die für die Herstellung von Strahlen- bzw. Wärmequellen erforderlichen Radionuklide zur Verfügung.

Im folgenden sollen die heute erkennbaren Anwendungsmöglichkeiten von Cs und Sr zusammenfassend dargestellt werden.

2. Anwendungsmöglichkeiten von Spaltcäsium

2.1. *Vergleich von ^{60}Co- und ^{137}Cs-Strahlenquellen*

Gegenwärtig werden für Bestrahlungsexperimente vorwiegend ^{60}Co-Quellen eingesetzt.

Die Unterschiede zwischen ^{60}Co und ^{137}Cs liegen in der Energie der γ-Quanten und der Halbwertszeit. In Tab. 2 sind die wichtigsten kernphysikalischen Größen der beiden Nuklide zusammengefaßt.

^{137}Cs emittiert bei einem Zerfallsakt nur ein γ-Quant, ^{60}Co dagegen zwei; dies und die niedrigere Energie führen dazu, daß die Dosiskonstante des ^{137}Cs kleiner ist als die des ^{60}Co. Das bedeutet, daß zur Erreichung der gleichen Dosisleistung die Aktivität von ^{137}Cs vier- bis fünfmal höher sein muß als die von ^{60}Co.

Das bei der Kernspaltung gebildete Spaltcäsium enthält jedoch neben ^{137}Cs noch einen bestimmten Anteil an ^{134}Cs, das beim Zerfall mehrere γ-Quanten mit hoher Intensität emittiert (Tab. 1). Dadurch erhöht sich der Wert der Dosiskonstante beträchtlich. Dieser Vorteil wird jedoch durch die relativ kurze Halbwertszeit von 2,06 a teilweise wieder zunichte gemacht.

[1]) Anschrift: 7050 Leipzig, Permoserstr. 15

Tab. 2. Vergleich der kernphysikalischen Größen von ^{60}Co, ^{137}Cs und ^{134}Cs

	E MeV	Intensität %	Dosiskonstante $\frac{cm^2 \cdot r}{mCi \cdot h}$	HWZ	spezifische Aktivität	Halbwertsschichtdicke in cm Wasser	Beton
^{60}Co	0,3469	0,00782	14,0	5,272 a	theoretisch:		
	1,1732	100			41,8 TBq/g ^{60}Co	9,85	4,66
	1,3325	100			praktisch:		
					0,7 – 4 TBq/g Co		
^{137}Cs/^{137m}Ba	0,6616	85,1	3,14	30,1 a	theoretisch:	7,77	3,68
					6,4 TBq/g ^{137}Cs/^{137m}Ba		
					praktisch:		
					0,9 TBq/g Cs		
^{134}Cs	0,4754	1,46	8,67	2,06 a	theoretisch:		
	0,5633	8,38			47,9 TBq/g ^{134}Cs		
	0,5693	15,4					
	0,6047	97,6					
	0,7958	85,4					
	0,8081	8,73					
	1,0385	1,00					
	1,1679	1,80					
	1,3651	3,04					

Tab. 3. Vergleich des zeitlichen Verlaufes der Dosisleistung von ^{60}Co-Strahlenquellen und ^{137}Cs- bzw. ^{137}Cs + ^{134}Cs-Strahlenquellen

Dosisleistung D_L in (Gy/h · 10^{-2}) Aktivität: 1 mCi
Abstand: 1 cm

Nuklid	Alter der Quelle $t = 0$ a	1 a	2 a	3 a	4 a	5 a	6 a	7 a	8 a	9 a	10 a
^{60}Co	14,0	12,3	10,8	9,44	8,27	7,25	6,36	5,58	4,89	4,29	3,76
^{137}Cs/^{137m}Ba	3,14	3,07	3,00	2,93	2,86	2,80	2,73	2,67	2,61	2,55	2,49
^{134}Cs	8,67	6,19	4,42	3,16	2,26	1,61	1,15	0,82	0,59	0,42	0,30
^{137}Cs/^{137m}Ba + ^{134}Cs	6,08	4,72	3,76	3,06	2,55	2,17	1,90	1,70	1,54	1,42	1,33
$\frac{D_{L^{60}Co}}{D_{L^{137}Cs/^{137m}Ba + ^{134}Cs}}$	2,30	2,61	2,87	3,08	3,,24	3,24	3,35	3,28	3,18	3,02	2,83
$\frac{D_{L^{60}Co}}{D_{L^{137}Cs/^{137m}Ba}}$	4,46	4,01	3,60	3,22	2,89	2,59	2,33	2,09	1,87	1,68	1,51

Am Ende einer Reaktorkampagne verhalten sich die Aktivitäten von ^{134}Cs und ^{137}Cs/^{137m}Ba etwa wie 1:1. Es läßt sich daraus die praktische Dosiskonstante von Spaltcäsium berechnen. In Tab. 3 ist der zeitliche Verlauf der Dosisleistung einer ^{60}Co-Quelle der einer Cs-Strahlenquelle gegenübergestellt. Erfolgt die Gewinnung des Cs aus dem Kernbrennstoff unmittelbar nach der Reaktorkampagne, so ist die Dosisleistung etwa doppelt so groß als bei Verwendung von Cs, das aus länger zwischengelagertem Brennstoff gewonnen wurde.

Wie aus den Halbwertsschichtdicken hervorgeht, nimmt in einem bestrahlten Medium die Dosisleistung mit steigender Entfernung von der Quelle im Falle des ^{137}Cs stärker ab als beim ^{60}Co. Auch daraus wird ersichtlich, daß die einzusetzende Aktivität des ^{137}Cs größer sein muß als die einer ^{60}Co-Quelle vergleichbarer Dosisleistung. Von Vorteil beim Einsatz einer ^{137}Cs-Strahlenquelle ist die geringere Halbwertsschichtdicke des ^{137}Cs. Sie führt zu einer um 20 – 25% geringeren Schichtdicke der Abschirmvorrichtungen. Diese Eigenschaft der ^{137}Cs-Strahlung hat natürlich aber auch größere Verluste bei der Bestrahlung von Reaktionsgefäßen mit dicken Wandungen zur Folge.

Die lange Halbwertszeit des ^{137}Cs führt ebenfalls zu Vor- und Nachteilen gegenüber dem ^{60}Co. Die infolge der großen Halbwertszeit geringere spezifische Aktivität erfordert zusammen mit der notwendigen hohen Aktivität größere Volumina der ^{137}Cs-Quellen.

Daraus folgt in der Quelle eine höhere Selbstabsorption. Dies wie auch die vergrößerte Geometrie führen bei gleichen Bestrahlungsvolumen und gleicher Quellenstärke zu einer geringeren mittleren Dosisleistung. Die lange Halbwertszeit des ^{137}Cs hat aber auch zur Folge, daß, legt man eine zehnjährige Betriebszeit der Anlage und eine Toleranz der Strahlleistung von $\pm 20\%$ zugrunde, praktisch keine Nachladung von Aktivität erforderlich ist. Bei gleicher Toleranz benötigt eine Anlage mit ^{60}Co nach 1,5 Jahren eine Nachladung von ca. 20% der Ausgangsaktivität, so daß schließlich nach 10 Jahren die Geasmtbeladung der Quelle mehr als das Doppelte der Ausgangsaktivität beträgt. Davon sind nach Ablauf der 10 Jahre noch rund 25% wiederverkäuflich, beim ^{137}Cs dagegen 80%, wenn man bei Abnahme der spezifischen Aktivität auf 25% des Ausgangswertes die Quellen als nicht weiter verwendbar ansieht. Die aus frischen Abfallösungen gewonnen Cs-Quellen besitzen bei gleicher Ausgangsaktivität eine höhere Dosisleistung, müssen jedoch bei gleichen Voraussetzungen wie oben ebenfalls nach 1–2 Jahren nachbeladen werden.

2.2. *Einsatzmöglichkeiten von γ-Bestrahlungsanlagen*

2.2.1. Bestrahlung von Lebensmitteln. Die öffentliche Meinung über die Bestrahlung von Lebensmitteln wurde und wird weitverbreitet vom Zweifel an der gesundheitlichen Unbedenklichkeit beim Verzehr dieser Produkte bestimmt. Dennoch ist eine positive Entwicklung seit den 60er Jahren unverkennbar [5].

Die Errichtung großer Bestrahlungsanlagen hängt im wesentlichen davon ab, inwieweit in den einzelnen Ländern die Erlaubnis erteilt wird, eine Vielzahl von Lebensmitteln zu bestrahlen. Das Betreiben solcher Anlagen ist nur ökonomisch, wenn die Auslastung für den größten Teil des Jahres gesichert ist und nicht nur in bestimmten Ernteperioden.

Besonderes Interesse an der Lebensmittelbestrahlung besteht in den tropischen Entwicklungsländern. Die hohen Temperaturen und Luftfeuchtigkeiten sind Ursache für den schnellen Verderb und damit für sehr große Verluste an Lebensmitteln. Da die Kalt- und Gefrierlagerung in den tropischen Entwicklungsländern wenig verbreitet ist, kann man dort mit einer Anwendung der Bestrahlungstechnik am ehesten rechnen.

Die Nutzung in den euroäpischen Ländern erfolgt nur zögernd. So wurde z.B. eine transportable Bestrahluns-anlage mit $7{,}4 \cdot 10^{15}$ Bq (200 kCi) ^{137}Cs in verschiedenen europäischen Städten aufgestellt, um Industrie und Forschung die Möglichkeit zu geben, ihre Produkte versuchsweise zu bestrahlen. Das Echo darauf blieb jedoch gering [6].

In den entsprechenden Bestrahlungsanlagen werden sowohl ^{60}Co- als auch ^{137}Cs-Strahlenquellen verwendet. Hinsichtlich der Qualität der bestrahlten Produkte sind keine Unterschiede festgestellt worden [7]. Der Einsatz von ^{137}Cs-Quellen konzentriert sich im allgemeinen auf transportable Bestrahlungsanlagen, die auf Grund der kleiner bemessenen Abschirmvorrichtung im Vergleich zu einer ^{60}Co-Quelle eine geringere Masse besitzen.

Für die Bestrahlung von Lebensmitteln standen Mitte der siebziger Jahre in 32 Ländern der Erde 70 Bestrahlungsanlagen zur Verfügung. Es handelt sich dabei um 56 ^{60}Co-Anlagen mit einer Aktivität von $5 \cdot 10^{17}$ Bq (13,5 MCi), 6 ^{137}Cs-Anlagen mit insgesamt $2{,}4 \cdot 10^{10}$ qB (0,65 MCi) und 8 Beschleuniger. In Tab. 4 sind die ^{137}Cs-Anlagen mit den technischen Daten aufgeführt.

2.2.2. Sterilisierung medizinischer Geräte. In den frühen 60er Jahren begann man damit, medizinisches Verbrauchsmaterial mittels ^{60}Co-Strahlung zu sterilisieren. Seitdem hat diese Technik ständig an Bedeutung gewonnen. Nachdem zu Beginn weltweit nur drei kommerzielle γ-Sterilisationsanlagen in Betrieb waren, hat sich deren Zahl bis Ende 1975 auf über 60 erhöht. Insgesamt waren in diesen Anlagen bis Ende 1975 etwa $1{,}3 \cdot 10^{18} - 1{,}5 \cdot 10^{18}$ Bq (35–40 Mio Ci) ^{60}Co installiert [9]. Begründet wurde dieser Aufschwung hauptsächlich durch die verstärkte Anwendung von wärme- und chemikalienempfindlichen Kunststoffen.

Die Strahlensterilisierung hat folgende Vorteile:

- Die hohe Durchdringungsfähigkeit der γ-Strahlen erlaubt die Sterilisation in der verschlossenen Verpackung und ergibt eine unbeschränkte Lagerfähigkeit der Produkte;
- γ-Strahlung erzeugt nur unbedeutende chemische Reaktionen im Sterilisationsgut;
- γ-Strahlung bewirkt einen sofortigen und gleichmäßigen Sterilisationseffekt.

Tab. 4. Bestrahlungsphilotanlagen zur Lebensmittelbestrahlung mit ^{137}Cs [8]

Land	Ort	Quellenstärke		Produkt	Durchflußkapazität		
		Bq (kCi) Inbetriebnahme	kW		$t \cdot h^{-1}$	Dosis kGy	$kGy \cdot t \cdot h^{-1}$
Brasilien	Rio de Janeiro	$3{,}9 \cdot 10^{15}$ (106) (1972)	0,34	Kartoffeln Bohnen Reis Weizen Zwiebeln	0,045	2	0,09
Chile	Santiago	$3{,}7 \cdot 10^{15}$ (100) (1971)	0,32	Kartoffeln Zwiebeln Erdbeeren	0,045	2	0,09
Frankreich	Saclay	$7 \cdot 10^{15}$ (190) (1975)	0,61		0,200	2,5	0,5
Indien	Trombay	$3{,}7 \cdot 10^{15}$ (100) (1971)	0,32	Fisch Früchte	0,045	2	0,09
USA		$3{,}7 \cdot 10^{15}$ (100)	0,32	Erdbeeren Kartoffeln	0,050	2	0,1
UdSSR		$2 \cdot 10^{14} - 3{,}7 \cdot 10^{15}$ (6–100)	0,02–0,32	Korn, Weinreben, Fisch, Saatgut	–	–	–

In letzter Zeit werden in der Sowjetunion ^{137}Cs-Quellen mit Aktivitäten im 50—100 kCi-Bereich zur Sterilisierung medizinischer Geräte und besonders von Geräten, die aus Plasten gefertigt sind, eingesetzt.

2.2.3. Bestrahlung von Abwässern. Ein breites Anwendungsgebiet eröffnet sich in der Reinigung von Abfallwässern durch Bestrahlung mit γ-Quellen. Diese Methode stellt eine Alternative zu den klassischen Abwasserbehandlungsmethoden dar. Durch die Wirkung der Quantenstrahlung erfolgt eine Zerstörung der im Wasser befindlichen Mikroorganismen und eine Zersetzung von Schadstoffen. Insgesamt wird damit bei einer genügend hohen verabreichten Strahlendosis ein Hygienisierungseffekt erzielt. Darüber hinaus wird durch die Bestrahlung eine Verbesserung der Abtrennung von Schlammpartikeln durch Koagulation kolloider Schlammteilchen erreicht.

Experimentelle Erfahrungen konnten insbesondere im Bereich der Landwirtschaft gemacht werden. In Geiselbullach (BRD) wird seit einigen Jahren eine Pilotanlage mit einer ^{60}Co-Quelle zur Strahlenbehandlung von Abfallwässern erfolgreich betrieben [10, 11]. Dabei konnten einige Vorteile gegenüber der kommerziellen Abwasserbehandlungsmethode nachgewiesen werden. So kann die bei biologischen Reinigungsverfahren lästige Geruchsbildung vermieden werden. Da die Bestrahlung im Temperaturbereich von 25—30 °C erfolgt, ergibt sich eine erhebliche Energieeinsparung im Vergleich zur thermischen Pasteurisierung. Ein weiterer Vorteil besteht darin, daß beim Bestrahlungsverfahren praktisch alle organischen Substanzen, insbesondere Parasiten, Unkrautsamen etc. bei einer applizierten Dosis von 4 kGy abgebaut werden.

In der neuesten Literatur wird auch auf andere Pilotanlagen eingegangen [12]. Gegenwärtig sind die hohen Kosten für die Quelle selbst und Strahlenschutzmaßnahmen in solchen Anlagen Hauptursache dafür, daß die Bestrahlungsmethoden für Abwässer heute noch verhältnismäßig wenig genutzt werden im Vergleich zu kommerziellen Methoden. In dem Maße, wie es gelingt, ^{137}Cs billig aus Spaltproduktlösungen zu gewinnen, wird seinem Einsatz als Strahlenquelle in der Abwasserbehandlung nichts im Wege stehen [13].

Ein bemerkenswertes Beispiel für eine Abwasserbehandlung stellt ein von *W. E. Mott* [14] beschriebenes Verfahren zur simultanen Hitze- und Strahlenbehandlung von städtischen Abwässern dar. Man geht dabei davon aus, daß bei „Thermobestrahlung" Mikroorganismen effektiver abgetötet werden können als aus der Summe der Wirkung von Strahlung und Temperatur resultiert. Es wurde eine Anlage, in der 200000 Gallonen/Tag ($7{,}6 \cdot 10^5$ l/Tag) Abwasser mit 5% Feststoffgehalt aufgearbeitet werden können, betrachtet.

Dieses Volumen entspricht der in einer Stadt von 600000 Einwohnern anfallenden Abwassermenge. Es wird vorausgesetzt, daß der Schlamm, auf 65 °C aufgeheizt, 20 min lang der γ-Strahlung einer $1{,}2 \cdot 10^{15}$ Bq (32 kCi)-^{137}Cs-Quelle (5 kGy) ausgesetzt wird. Die Energie zum Aufheizen des Schlammes wird durch Verbrennen des durch den anaeroben Fäulnisprozeß aus dem Abfall entstehenden Methans und durch die ^{137}Cs-Quelle aufgebracht. Bei einer angenommenen Lebensdauer der Anlage von 20 Jahren kostet die Behandlung 16,5 Dollar pro Tonne. Bei Verwendung einer 2,5-kGy-Quelle reduzieren sie sich auf 12,5 Dollar pro Tonne. Der behandelte Schlamm besitzt einen Wert von 20 Dollar pro Tonne als Düngemittel und 50 Dollar pro Tonne, wenn er als Zusatznahrung in der Tierernährung dient. Weitere Untersuchungen über Synergeseffekte in der Kombination Chlor, Sauerstoff und Strahlung werden im Florida Institue of Technology durchgeführt.

Die Wahl der Strahlenquelle wird im wesentlichen durch die Kosten der Bestrahlungsquelle bestimmt. Neben dem Einsatz von ^{60}Co- bzw. ^{137}Cs-Quellen wird auch die Nutzung von verglasten Spaltproduktgemischen, die im Rahmen der Wiederaufbereitung anfallen, in Erwägung gezogen [15].

2.2.4. Bestrahlungsmethoden in der Industrie. In diesem Bereich wird die Quantenstrahlung von ^{60}Co- und z. T. ^{137}Cs-Quellen genutzt, um chemische Reaktionen zu initiieren. Dabei wird vornehmlich ^{60}Co-Quellen auf Grund des durch die Energie der Strahlung im Vergleich zu ^{137}Cs höheren Durchdringungsvermögens der Vorzug gegeben. Die Bedeutung des ^{137}Cs konnte auch hier durch eine kostengünstige Bereitstellung der Strahlenquellen angehoben werden. Gegenwärtig sind über 100 strahlenchemische Verfahren bekannt, die im Pilot- bzw. im großtechnischen Maßstab durchgeführt werden. Dabei werden neben der Chlorierung und Sulfochlorierung von Kohlenwasserstoffen insbesondere Polymerisations- und Vernetzungsreaktionen strahlenchemisch katalysiert. Von besonders großem praktischen Interesse sind die durch die Bestrahlung modifizierten Eigenschaften von Plastwerkstoffen. So erhöht sich die Hitzebeständigkeit von Polyäthylen beispielsweise durch dessen Quervernetzung. Die strahleninduzierte Polymerisation hat den Vorteil, daß Polymere von hoher Reinheit erhalten werden, da die Reaktion ohne Zugabe von Katalysatoren und anderen chemischen Agenzien abläuft.

2.3. *^{90}Sr als Strahlenquelle*

Das aus einem Spaltproduktgemisch gewonnene Spaltstrontium besteht zu ~50% aus ^{90}Sr. Auf Grund seiner relativ hohen spezifischen thermischen Leistung und langen Halbwertszeit ist es als Energiequelle geeignet. In Tab. 5 sind vorwiegend für die Nutzung als Wärmequelle eingesetzte Nuklide miteinander verglichen.

Im Idealfall sollte ein Nuklid, das als Strahlungsquelle eingesetzt wird, eine hohe thermische Leistungsausbeute und eine lange Halbwertszeit aufweisen. Außerdem sollte es in großen Mengen und bei niedrigen Kosten verfügbar sein. Aus Tab. 5 erkennt man, daß man bei Auswahl eines geeigneten Nuklids unter Berücksichtigung des Verwendungszweckes stets Kompromisse eingehen muß. Wie ersichtlich ist, haben die Nuklide mit der höchsten Leistungsausbeute nur sehr geringe Halbwertszeiten. Am besten sind ^{238}Pu und ^{90}Sr geeignet. Die hohen Kosten des ^{238}Pu (540 $\$/W_{th}$ gegenüber 20 $\$/W_{th}$ für ^{90}Sr) sowie seine hohe Toxizität machen den Einsatz von ^{90}Sr ökonomischer. ^{238}Pu wird daher vorwiegend nur für Langzeitaufgaben im Weltraum und in Herzschrittmachern eingesetzt (geringe Abschirmdicke). Für ^{90}Sr ergeben sich daher Einsatzmöglichkeiten als Wärmequelle, z.B. zur Aufheizung von Klärbecken und für spezielle Wärmequellen, zum Betreiben von elektrodynamischen Generatoren und in Radionuklidbatterien.

Im folgenden sollen einige spezielle Einsatzgebiete von ^{90}Sr-Radionuklidbatterien betrachtet werden. Während z.B. ^{238}Pu für Radionuklidbatterien in der Raumfahrt Eingang gefunden hat, wird ^{90}Sr vornehmlich für die terrestrische Anwendung genutzt.

Der große Vorteil beim Einsatz von Radionuklid-Strahlenquellen besteht darin, daß die weitestgehend un-

Tab. 5. Daten einiger für Energiequellen eingesetzter Radionuklide [16]

	Zerfall	HWZ	E, MeV	spez. Leistung reines Nuklid W_{th}/g	Isotopenreinheit
^{238}Pu	$^{238}Pu \xrightarrow{\alpha} {}^{234}U$	87,4 a	5,49 (74%)	0,56	80%
^{90}Sr	$^{90}Sr \xrightarrow{\beta} {}^{90}Y$	28,5 a	0,5 (max)	0,95	50%
^{90}Sr	$^{90}Y \xrightarrow{\beta} {}^{90}Zr$		2,3 (max)		
^{147}Pm	$^{147}Pm \xrightarrow{\beta} {}^{147}Sm$	2,62 a	0,23 (max)	0,33	95%
^{60}Co	$^{60}Co \xrightarrow{\beta,\gamma} {}^{60}Ni$	5,272 a	0,3	17,4	10%
^{242}Cm		0,45 a	1,5	120	90%
^{210}Po		0,38 a		141	95%

Tab. 6. Technische Daten praktisch ausgeführter Radionuklidbatterien mit thermoelektrischen Energiewandlern [18]

Bezeichnung	Nuklid	Zahl der Thermopaare	elektr. Leistung W	Masse kg	Anwendungen
SNAP 1	^{144}Ce	277	125	79,3	Experimente
SNAP 3	^{210}Po	27	3	1,8	Experimente
SNAP 7A	^{90}Sr	60	10	850	Navigationsboje Baltimore
SNAP 7B	^{90}Sr	120	60	2090	Leuchtturm Baltimore
SNAP 7C	^{90}Sr	60	10	850	Antarktische Wetterstation
SNAP 7D	^{90}Sr	120	60	2090	Atlantische Wetterstation
SNAP 7E	^{90}Sr	60	6,5	3630	Tiefseeboje
SNAP 9A	^{238}Pu	36	25	12,3	Navigationssatellit
SNAP 11	^{242}Cm	30	25	13,6	Mondfluggeräte

abhängig von Umwelteinflüssen und von einer äußeren Energiequelle sind.

Es gibt zahlreiche Beispiele, bei denen Radionuklidbatterien für Navigationszwecke (Leuchttürme, Leuchtfeuer, Funkbaken), in automatischen Wetterstationen und zur Meereserkundung eingesetzt werden. Die UdSSR nahm in den Jahren 1969–1974 Radionuklidbatterien vom Typ „Efir" in Betrieb. Sie werden auf der Basis von ^{90}Sr betrieben und haben eine Leistung von 30 W bei Ausgangsspannungen von 12 und 32 V. Sie wurden zur Stromversorgung von Radiosignalanlagen an der Küste und auf Inseln des nördlichen Eismeeres eingesetzt [17].

1973–1974 wurden Radionuklid-Energiequellen der Typen „Granit-2" und „Granit-3" in Betrieb genommen. Sie haben eine Leistung von 10 W und arbeiten auf der Grundlage der serienmäßig produzierten Batterie „Beta-S" auf ^{90}Sr-Basis. Sie dienen als Signalfeuer in der Barentssee, im Ochotsker und Japanischen Meer.

Der Leuchtturm „Tallin", einer der größten im Baltischen Meer, arbeitet seit 1974 ebenfalls mit einer ^{90}Sr-Quelle, die aus zwei thermoelektrischen Generatoren mit einer Leistung von 60 W besteht. Die Quelle hat eine Aktivität von $8{,}9 \cdot 10^{15}$ Bq (240 kCi) ^{90}Sr.

Die Radionuklidbatterie vom Typ „Angara" versorgt eine Hochgebirgsstation mit Energie, ebenfalls aus einer ^{90}Sr-Quelle. In den USA erfolgt die Entwicklung von Radionuklidbatterien im Rahmen des SNAP-Programms (System for Nuclear Auxiliary Power). Die Daten und Anwendungsgebiete sind aus Tab. 6 ersichtlich.

3. Zusammenfassung

Mit der weiteren Entwicklung der Kernenergetik werden steigende Mengen von Spaltstrontium und Spaltcäsium gebildet. Diese können nach ihrer Abtrennung aus der wäßrigen Phase des Purex-Wiederaufarbeitungsprozesses genutzt werden. Die relativ lange Halbwertszeit beider Nuklide läßt eine Isolierung auch nach längerer Zwischenlagerung der abgebrannten Kernbrennelemente noch sinnvoll und notwendig erscheinen.

Es zeichnen sich folgende Hauptanwendungsgebiete ab: Für Cäsium der Einsatz in der γ-Bestrahlungstechnik. Der besondere Vorzug im Vergleich zu ^{60}Co-Quellen liegt dabei in der kleineren Masse der Cs-Quellen (geringere Abschirmung) und der damit verbundenen größeren Mobilität. Die Nutzung von ^{137}Cs würde gegebenenfalls die Herstellung größerer Mengen von ^{60}Co aus inaktivem Material erübrigen oder zumindestens vermindern. Die Sterilisation von Klärschlamm, insbesondere die Thermobestrahlung, sollte in Zukunft an Bedeutung gewinnen. Für die Nutzung alter Spaltproduktlösungen könnte eine verglaste Abfalllösung in speziellen Fällen Anwendung finden.

Bei Strontium ergeben sich, abgesehen von der Verwendung geringer Mengen als β-Eichpräparat, die Anwendungsmöglichkeiten als Energiequelle (Wärmequellen und Radionuklidbatterien) im terrestrischen Einsatzgebiet.

Eingegangen am 7. 7. 1980

Literatur

[1] *M. Rösseler*, ZfI-Mitteilungen 1979
[2] *M. Süß, G. Pfrepper*, Radiochimica Acta (im Druck)
[3] *H. Koch, A. Schober*, Isotopenpraxis **12** (1976) 49
[4] Nuclear News Buyers Guide
[5] *H. E. Goreshire*, IAEA-SM-166/65
[6] *J. F. Diehl*, Kerntechnik **19** (1977) 11, 494
[7] *G. Pape*, IAEA-SM-166/5
[8] IAEA-Bulletin **17** (1975) 6, 45
[9] SVA-Bulletin 1976, 3, 18
[10] *T. Lessel*, IAEA-SM-194/604
[11] *J. W. Leonhardt*, ZfI-Mitteilungen 16, 1978
[12] *D. S. Ballantine*, Water Pollut. Contr. **77** (1978) 87
[13] *W. C. Remini*, ERDA-77-15, 18
[14] *W. E. Mott*, Prov. Jpn. Conf. Radioisotopes, Nov. 26, 27, 1975, No. 12, 42
[15] SVA-Bulletin 1976, 19, 13
[16] *D. Schach*, Kerntechnik **17** (1975) 23
[17] *J. B. Flekel*, Isotopenpraxis **12** (1976) 302
[18] *H. D. Naumann*, „Energie ohne Umwege", VEB Fachbuchverlag Leipzig 1969, 68–76

Originalarbeiten

Traceruntersuchungen zur Synthese des Pflanzenwachstumregulators 2-Chloräthanphosphonsäure

D. Luther, H.-C. Abendroth, H. Koch

(Zentralinstitut für Isotopen- und Strahlenforschung der Akademie der Wissenschaften der DDR)[1])

W. Steinke, W. Kochmann

(VEB Chemiekombinat Bitterfeld)[2])

Herrn Prof. Dr. phil. habil. *C. F. Weiss* zum 80. Geburtstag gewidmet

Am Beispiel einzelner Stufen der Synthese des Pflanzenwachstumregulators 2-Chloräthanphosphonsäure (I) wird gezeigt, daß in chemischen Mehrkomponentensystemen exakte Aussagen über Reaktionsmechanismen gegebenenfalls nur mit Hilfe isotop markierter Verbindungen erhalten werden können. Für die acidolytische Spaltung des Synthesezwischenproduktes 2-Chloräthanphosphonsäure-bis-(2-chloräthyl)-ester (II) werden ein komplexer Mechanismus nachgewiesen und die relativen Geschwindigkeitskonstanten der beteiligten Teilreaktionen ermittelt. Die Bildung des Nebenproduktes Vinylphosphonsäure (III) erfolgt über die Acidolyse des bei vorgelagerter thermischer Dehydrohalogenierung aus (II) gebildeten Vinylphosphonsäure- bis -(2-chloräthyl)-esters.

Keywords

organic phosphorus compounds; phosphorus 32; plant growth regulators; reaction kinetics; synthesis; tracer techniques

1. Einleitung

Bei der Synthese von 2-Chloräthanphosphonsäure (I) nach den Gleichungen (1)–(4) kommt es in nicht zu vernachlässigendem Maße zur Bildung von Nebenprodukten.

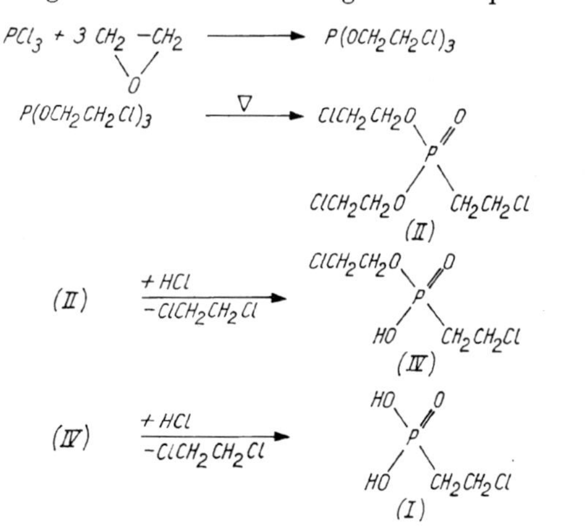

(Gl. 1) (Gl. 2) (Gl. 3) (Gl. 4)

[1]) Anschriften: 7050 Leipzig, Permoserstr. 15; [2]) 4400 Bitterfeld

Für die optimale technologische Gestaltung der Synthese und die Erzielung ökonomisch relevanter Material- und Stoffbilanzen ist daher eine detaillierte Kenntnis über die Bildungsmechanismen der Nebenprodukte bzw. über das Reaktionsverhalten von Zwischenverbindungen und des Finalproduktes unter den gegebenen Synthesebedingungen unerläßlich.

Dem Einsatz isotop markierter Verbindungen kommt bei Untersuchungen dieser Art eine große Bedeutung zu, da es in einer Reihe von Fällen allein nur mit ihrer Hilfe gelingt, das tatsächliche Reaktionsverhalten einer Verbindung in Mehrkomponentensystemen „abzubilden". Als instruktives Beispiel dafür kann das nachfolgend mitgeteilte Gesamtergebnis von Untersuchungen über den Mechanismus des Ablaufs der acidolytischen Spaltung (Gl. 3 + 4) von 2-Chloräthanphosphonsäure-bis-(2-chloräthyl)-ester (II) herausgestellt werden.

Zusätzliche Untersuchungen beschäftigten sich mit den Bildungsmöglichkeiten für das Nebenprodukt Vinylphosphonsäure (III), einer der wichtigsten Verunreinigungen des Endproduktes.

Tab. 1. Acidolyse von 2-Chloräthanphosphon[^{32}P]säure-bis-(2-chloräthyl)-ester bei $T = 170 \pm 5$ °C

t min	Prozentuale Zusammensetzung (Aktivitäts-%) des Reaktionsgemisches				
	(I)	(II)	(III)	(IV)	Nebenprodukte N
0	0,1	95,1	2,7 (+N)	2,2	2,7 (+ III)
30	12,2	36,2	13,6 (+ N)	38,0	13,6 (+ III)
60	29,2	12,4	2,6	47,4	8,4
120	45,2	4,1	6,0	32,9	11,8
180	53,5	1,1	4,5	23,7	17,2
240	57,7	0,5	4,5	15,0	22,3
300	60,2	0,2	4,8	10,4	24,4
360	62,3	0,1	4,2	6,4	26,9
420	59,7	–	4,5	3,3	32,5

2. Untersuchung von Reaktionsabläufen

2.1. *Acidolyse von 2-Chloräthanphosphonsäure-bis-(2-chloräthyl)-ester*

Die acidolytische Spaltung von (II) zu (I) verläuft nach Gl. (3) über die Zwischenstufe des 2-Chloräthanphosphonsäure-2-chloräthylesters (IV), dessen Umsetzung zu (I) deutlich langsamer erfolgt als der einleitende Schritt (II) → (IV).

Tab. 1 zeigt die jeweilige prozentuale Zusammensetzung des Reaktionsgemisches zum Zeitpunkt *t* bei der Acidolyse von (II-^{32}P) unter Laborbedingungen (Mittelwert aus fünf Versuchsreihen).

Die Konzentrationswerte für den Monoester (IV) weisen deutlich dessen Status als Intermediat aus, während die Konzentration des Nebenproduktes Vinylphosphonsäure (III) verhältnismäßig schnell einen Gleichgewichtszustand erreicht.

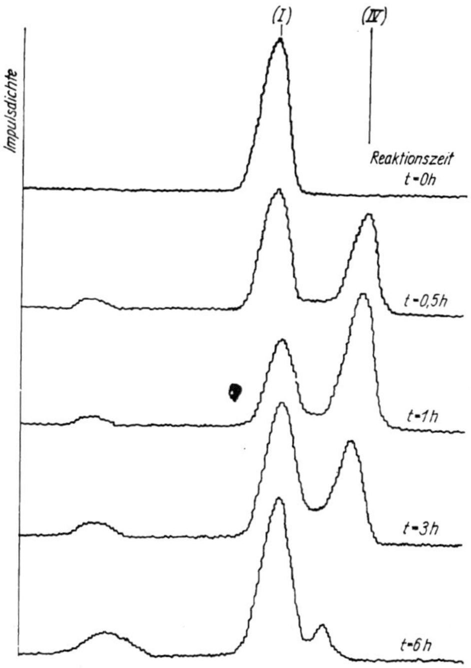

Abb. 1. Radiochromatogramme der Umsetzung von 2-Chloräthanphosphon[^{32}P]säure (I) mit 2-Chloräthanphosphonsäure-bis-(2-chloräthyl)-ester (II) bei $T = 170$ °C in Gegenwart von gasförmiger Salzsäure

Zur Untersuchung der Beteiligung bereits gebildeter (I) an Nebenreaktionen der Acidolyse von (II) wurde diese mit unmarkiertem (II) durchgeführt, dem bereits zum Zeitpunkt t_0 (I-^{32}P) in geringer Konzentration zugesetzt worden war.

Die beiden wichtigsten Ergebnisse, die bei der radiometrischen Auswertung von Dünnschichtchromatogrammen des Versuchsgutes nach festgelegten Reaktionszeiten erhalten werden konnten, waren

– das Fehlen von (III-^{32}P) und
– der eindeutige Nachweis der Bildung von (IV-^{32}P).

Die ^{32}P-Aktivität des Monoesters (IV) erreichte während der Reaktionsperiode ein Maximum, um anschließend wieder gegen Null zu laufen. Das Aktivitätsmaximum von (IV-^{32}P) koinzidiert dabei mit einem Aktivitätsminimum von (I-^{32}P) (Abb. 1).

Das Auftreten von (IV-^{32}P) ist insofern überraschend, als bei der Acidolyse von markiertem (II) mit trockenem HCl-Gas nach Gl. (3) nur inaktiver Monoester erhalten werden sollte.

Wie entsprechende Versuche ergaben, können ^{32}P/^{31}P-Isotopenaustauschreaktionen oder eine als Gleichgewichtsreaktion ablaufende Gl. (4) nicht zur Klärung des Untersuchungsbefundes herangezogen werden.

Die Bildung von (IV-^{32}P) bei der Acidolyse von (II) in Gegenwart von (I-^{32}P) erscheint jedoch über einen Mechanismus möglich, der die intermolekulare Wanderung einer β-Chloräthyl-Gruppe einschließt (Gl. 5).

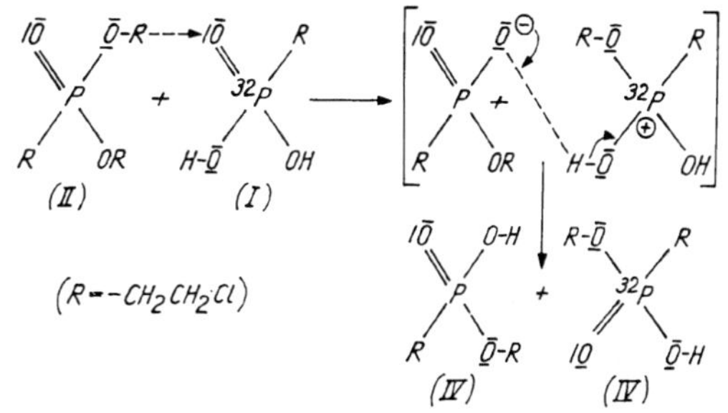

Gl. (5)

Innerhalb der β-Chloräthoxy-Gruppe $-O-CH_2CH_2-Cl$ wird die Bindung zwischen Sauerstoffatom und β-Chloräthyl-Rest durch den Elektronenzug, der sowohl vom Sauerstoff- als auch vom Chloratom ausgeübt wird, so gelockert, daß es zu einer intermolekularen Wanderung der β-Chloräthyl-Gruppe kommen kann.

Eine Stabilisierung der im Übergangszustand anzunehmenden polaren Grenzstrukturen erfolgt über eine gleichzeitige Protonenwanderung.

Eine analoge Austauschreaktion sollte ebenfalls zwischen (I) und (IV) möglich sein und bei Einsatz von ($I-^{32}P$) und unmarkiertem (IV) unter den Reaktionsbedingungen der Acidolyse zur Bildung von ($IV-^{32}P$) führen (Gl. 6).

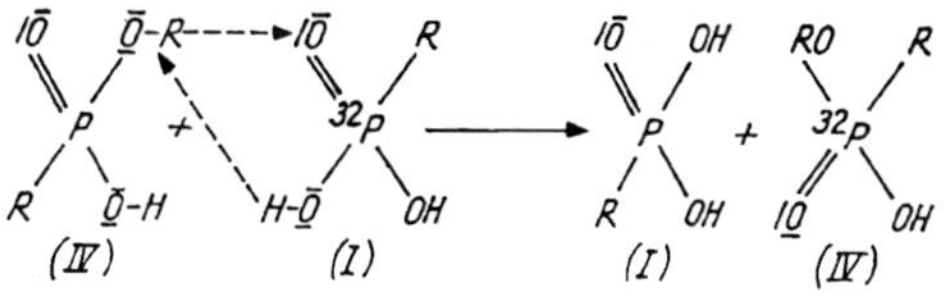

(Gl. 6)

Das Ergebnis von Testversuchen bestätigte diese Annahme. Es ließ sich dabei zeigen, daß es zur Bildung von ($IV-^{32}P$) kommt, innerhalb derer ein Aktivitätsmaximum durchlaufen wird. In keinem Fall konnte jedoch die Bildung von ($II-^{32}P$) aus ($I-^{32}P$) oder ($IV-^{32}P$) beobachtet werden.

Aus den Untersuchungsbefunden wird für die acidolytische Spaltung von (II) der folgenden Mechanismus (Gl. 7) abgeleitet, und unter bestimmten Voraussetzungen¹) werden aus den entsprechenden kinetischen Gleichungen (Gl. 8–11) mit Hilfe nichtlinearer Regressionsrechnungen die (relativen) Geschwindigkeitskonstanten $k_1 - k_6$ errechnet:

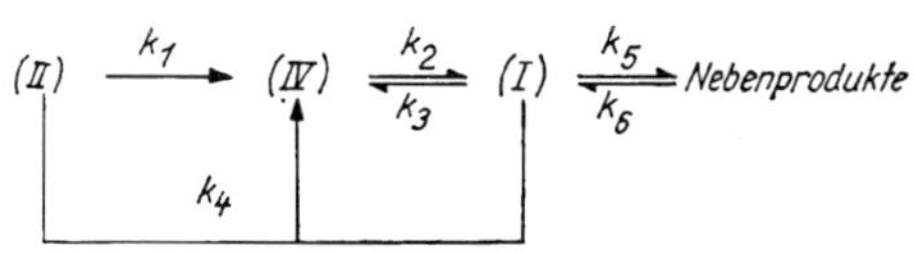

(Gl. 7)

$$\frac{d(II)}{dt} = -k_1[II] - k_4[I] \cdot [II] \qquad (Gl.\ 8)$$

$$\frac{d(IV)}{dt} = k_1[II] - k_2[IV] + 2k_4[I] \cdot [II] + k_3[I] \qquad (Gl.\ 9)$$

$$\frac{d(I)}{dt} = k_2[IV] - k_3[I] + k_5\,[\text{Nebenprodukte}] \qquad (Gl.\ 10)$$

$$\frac{d(\text{Nebenprodukte})}{dt} = k_5[I] - k_6[\text{Nebenprodukte}] \qquad (Gl.\ 11)$$

$k_1 = 1{,}637 \pm 0{,}096\ h^{-1}$ $\quad \varrho \cdot k_4$²) $= 0{,}029 \pm 0{,}010\ h^{-1}$
$k_2 = 0{,}845 \pm 0{,}067\ h^{-1}$ $\quad k_5 = 0{,}487 \pm 0{,}126\ h^{-1}$
$k_3 = 0{,}103 \pm 0{,}031\ h^{-1}$ $\quad k_6 = 0{,}802 \pm 0{,}250\ h^{-1}$

β-Chloräthylgruppenwanderungen, wie bei der Acidolyse von (II) festgestellt, konnten auch in den Systemen (III)/(II) u. (III)/(IV) beobachtet werden. Die Gegenwart von ($III-^{32}P$) bei der Acidolyse von (II) führte nicht nur zur Bildung von Vinylphosphonsäure[^{32}P]-mono-(2-chloräthyl)-ester, sondern sogar zur Bildung des entsprechenden ^{32}P-markierten Bis-esters (V).

2.2. *Bildung des Nebenproduktes Vinylphosphonsäure*

Zur Aufklärung der Entstehung von Vinylphosphonsäure (III) bei der Synthese von (I) wurden die folgenden Bildungsmöglichkeiten untersucht:

a) thermische Dehydrohalogenierung von (I):

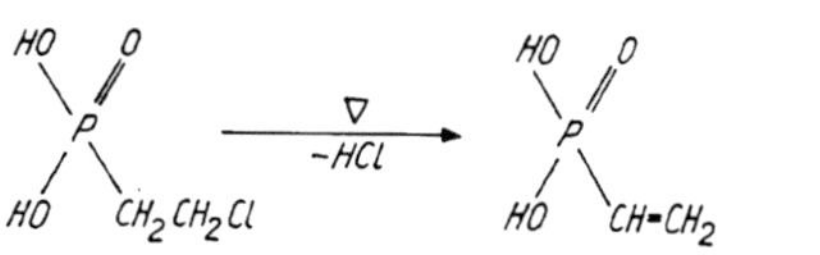

(Gl. 12)

¹) Voraussetzungen: pseudomonomolekulare Reaktion infolge HCl-Überschusses, keine Isotopenaustauschreaktionen; Volumenänderung durch Abspaltung von 1,2-Dichloräthan ohne Einfluß auf $k_1 - k_6$; Nebenproduktbildung nur aus (I).

²) ϱ = Dichte von (II) bei 170 °C

b) Umsetzung der bei der *Michaelis-Arbuzov*-Umlagerung von Tris-(2-chloräthyl)-phosphit entstehenden Verbindung (II) mit der Ausgangsverbindung:

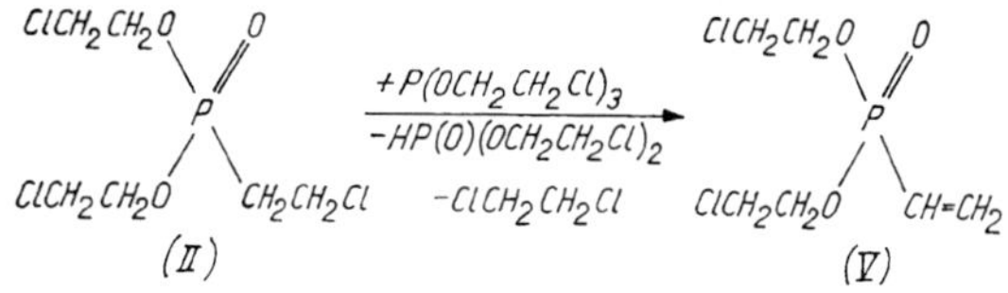

(Gl. 13)

c) thermische Dehydrohalogenierung von (II):

$$(II) \xrightarrow[-HCl]{\nabla} (V) \qquad (Gl.\ 14)$$

Über Gl. (13) und Gl. (14) erfolgt die Bildung von Vinylphosphonsäure-bis-(2-chloräthyl)-ester(V) als Verunreinigung von (II). Bei der Acidolyse wird (V) in die freie Säure (III) überführt.

Das bereits genannte Fehlen von ($III-^{32}P$) im Reaktionsprodukt der Acidolyse von (II) in Gegenwart geringer Mengen ($I-^{32}P$) wird als Beweis dafür betrachtet, daß (III) unter den Reaktionsbedingungen der Acidolyse nicht, wie von *Schano* [1] angenommen, nach Gl. (12) entsteht.

Zur Bestätigung dieses Befundes wurde in gesonderten Versuchen ($I-^{32}P$) einer bis zu 6stündigen Temperaturbelastung bei $T = 170 \pm 5$ °C in Gegenwart und in Abwesenheit von gasförmigem HCl ausgesetzt. In keinem dieser Reaktionsansätze konnte nach der angegebenen Zeit ($III-^{32}P$) nachgewiesen werden.

Bei der Überprüfung der Gültigkeit von Gl. (13) ist davon auszugehen, daß die Konzentration von (V) um so höher liegen sollte, je länger Tris-(2-chloräthyl)-phosphit bei zunächst vorgegebener Konzentration an (II) als Reaktionspartner zur Verfügung steht.

Da im Temperaturbereich von 140–225 °C [2, 3] nach Gl. (2) eine schnelle (exotherme) Isomerisierung des Phosphits zum entsprechenden Phosphonat (II) erfolgt, wurde das Temperaturintervall 50–150 °C ausgewählt, innerhalb dessen Phosphit und (II) in äquimolaren Mengen 6 Stunden miteinander erhitzt wurden, um anschließend das Reaktionsgemisch einer 6stündigen Acidolyse mit gasförmigem HCl bei $T = 170 \pm 5$ °C zu unterwerfen.

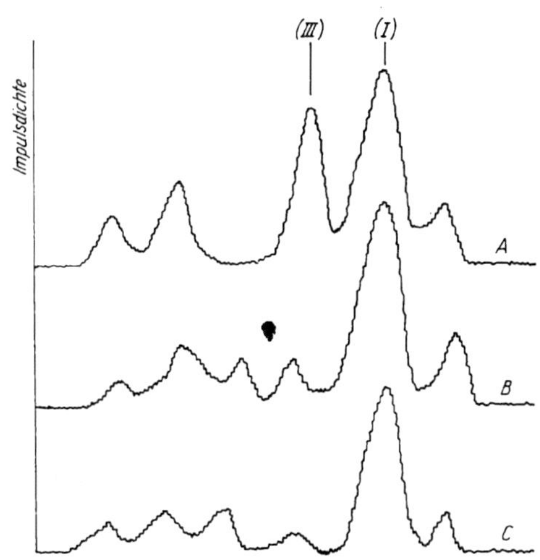

Abb. 2. Radiochromatogramme zur Bildung von Vinylphosphonsäure (III) nach 6stündiger thermischer Belastung von 2-Chloräthanphosphon[^{32}P]säure-bis-(2-chloräthyl)-ester bei unterschiedlichen Temperaturen und anschließender Acidolyse (t = 6 h, T = 170 °C)

A – nach thermischer Belastung bei T = 200 °C; B – nach thermischer Belastung bei T = 170 °C; C – keine vorherige thermische Belastung

Tab. 2. Einfluß der thermischen Vorbehandlung von (II) auf die Zusammensetzung des Reaktionsproduktes der nachfolgenden Acidolyse bei $T = 170 \pm 5$ °C (Angabe in Aktivitäts-%)

Verbindung	keine thermische Vorbehandlung	thermische Vorbehandlung bei	
		$T = 170 \pm 5$ °C	$T = 200 \pm 5$ °C
(I)	62,3	53,0	41,7
(II)	0,1	0,8	0,4
(III)	4,2	7,4	21,7
(IV)	6,4	15,0	10,8
Nebenprodukte	26,9	23,8	25,5

Ein Vergleich der, mit und ohne eine derartige Vorbehandlung, bei der Acidolyse von (II-^{32}P) anfallenden Konzentrationen an (III-^{32}P) ergab keinen signifikanten Unterschied. Es ist daher wenig wahrscheinlich, daß Gl. (13) an der Bildung von (V) beteiligt ist.

Als Beweis für die Bildung von (III) über Gl. (14) werden die Ergebnisse von Acidolysen angesehen, bei denen das eingesetzte (II-^{32}P) vorher einer 6stündigen thermischen Belastung bei 170 °C ausgesetzt worden war (Abb. 2). Mit einem Mittelwert $c = 7,4 \pm 1,8\%$ (Mittelwert aus fünf Versuchen) liegt die Konzentration an (III-^{32}P) signifikant höher als bei der Acidolyse ohne vorherige thermische Belastung der Ausgangsverbindung.

Bei einer Temperaturerhöhung von 170 auf 200 °C steigt die Konzentration c für (III-^{32}P) bei der nachfolgenden Acidolyse auf $>20\%$ an. Der in Tab. 2 gegebene Vergleich der prozentualen Zusammensetzung (Aktivitäts-%) der Reaktionsgemische nach 6stündiger Acidolyse mit und ohne thermischer Vorbehandlung läßt weiterhin höhere Restkonzentrationen für (II) und (IV) bei vorheriger thermischer Belastung von (II) erkennen. Diese sind mit großer Wahrscheinlichkeit größtenteils den analogen, dünnschichtchromatographisch nicht abtrennbaren Vinylphosphonsäureverbindungen zuzuschreiben, die bei der eigentlichen Acidolyse offenbar langsamer umgesetzt werden.

3. Markierungssynthesen

Für die Darstellung der eingesetzten ^{32}P-markierten Verbindungen wurde unter Verwendung und in Analogie zu bekannten Synthesevorschriften das angegebene komplexe Syntheseschema entwickelt.

4. Analytik

Die Auftrennung der an der Synthese von (I) unmittelbar beteiligten Verbindungen (I)–(IV) erfolgte auf dünnschichtchromatographischem Wege. Die besten Trennungen wurden auf Zellulose FND (VEB Spezialpapierfabrik Niederschlag, DDR) unter Verwendung des Laufmittels Essigsäureäthylester/Methanol/Wasser/85%ige Ameisensäure 85:10:2.5:2.5 erhalten. Die Präparation der DC-Platten spielt für die erzielbare Trennschärfe eine wesentliche Rolle. Es wurden nur frischgegossene Platten (5 g Zellulose FND aufgeschlämmt in 20 ml Methanol/20 cm × 20 cm-Platte) verwendet, die nach dem Gießen und vor dem Auftragen der Probenaliquote 2 Stunden an der Luft getrocknet waren. Längeres Trocknen als auch nachträgliches Anfeuchten länger gelagerter Platten führte zu schlechteren Auftrennungen. Die Sichtbarmachung der aufgetrennten Komponenten anf dem entwickelten Dünnschichtchromatogramm erfolgte durch Besprühen entweder mit *Hahn-Luckhans*-Reagens [12] oder mit einer 0.1%igen methanolischen Methylorange-Lösung.

Für die Messung der ^{32}P-Aktivitätsverteilung auf den entwickelten Dünnschichtchromatogrammen diente ein Dünnschichtscanner (Typ LB 2722, Fa. Prof. Dr. *Berthold*, Wildbach, BRD).

Eingegangen am 16. 7. 1980

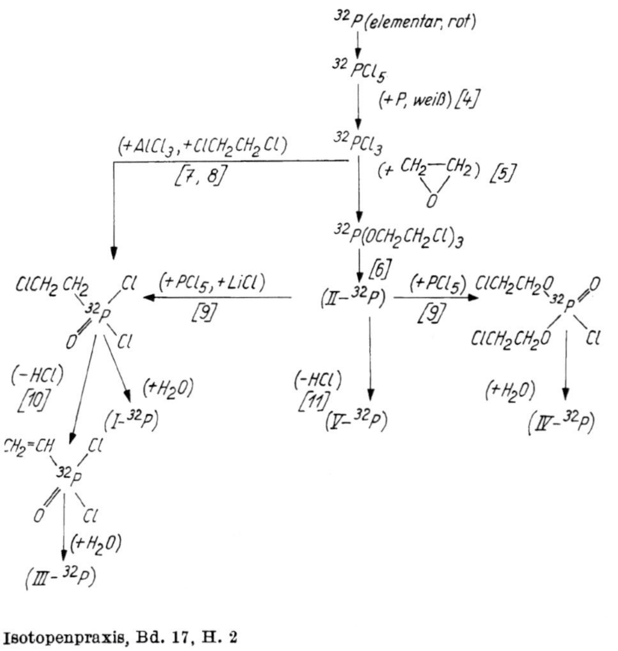

Literatur

[1] *K. H. Schano*, Dissertation 1977, AdW der DDR, Fachbereich Chemie

[2] DOS 2148549; DOS 2215314

[3] DOS 2247384

[4] *W. Dedek, R. Grahl*, Isotopenpraxis 9 (1973) 310

[5] DDR-Patent 118095

[6] DDR-Patent 107057

[7] *W. Vogt*, Tetrahedron Letters **1970**, 1281

[8] *J. M. Maynard, J. M. Swan*, Austral. J. Chem. **16** (1963) 596

[9] DOS 2232630

[10] DOS 2357678

[11] *I. A. Abramov, G. N. Balyasnikov, E. L. Gefter, L. S. Zhuravleva, E. F. Raeva, I. A. Rogacheva*, Zh. Prikl. Khim. (Leningrad) **47** (1974) 676

[12] *F. L. Hahn, R. Luckhans*, Z. Anal. Chem. **149** (1956) 172

Methodik und Ergebnisse von Tracerexperimenten über katalytische Reaktionen von Kohlenwasserstoffen

K. Wetzel, J. Dermietzel, F. Bauer, W. Jockisch, M. Rösseler, Ch. Wienhold

(Zentralinstitut für Isotopen- und Strahlenforschung der Akademie der Wissenschaften der DDR)[1])

J. Klempin, H. Franke, W. Thomas

(Petrolchemisches Kombinat Schwedt)

Herrn Prof. Dr. phil. habil. *C. F. Weiss* zum 80. Geburtstag gewidmet

Tracermethoden können wichtige Beiträge zur Aufklärung katalytischer Kohlenwasserstoffreaktionen liefern. In dieser Arbeit werden einige Ergebnisse mehrjähriger Untersuchungen mit ^{14}C-markierten Verbindungen zusammenfassend dargestellt. Es wird speziell auf Benzenbildungsreaktionen bei der Leichtbenzin-Reformierung und auf Reaktionsmechanismen bei der Isomerisierung von C_8-Aromaten eingegangen.

Keywords

aromatics; carbon 14; catalysis; hydrocarbons; reaction kinetics; reforming; tracer techniques

1. Einführung

Das Bedürfnis, chemische Reaktionsabläufe mittels Tracerversuchen aufzuklären, besteht besonders dort, wo man es mit Vielstoffgemischen chemisch und physikalisch ähnlicher Komponenten zu tun hat. Ein solches Gebiet ist die Chemie der Kohlenwasserstoffe.

Die große Bedeutung der kohlenwasserstoffumwandelnden Prozesse zur Herstellung von Kraftstoffen und organischen Grundstoffen sowie die Notwendigkeit des sinnvollen und sparsamen Umgangs mit den natürlichen Kohlenstoffträgern sind Grund genug für eine breite Anwendung der Tracertechnik gerade auf diesem Gebiet. Es kommt hinzu, daß besonders katalytische Prozesse der Kohlenwasserstoffumwandlung immer noch weitgehend empirisch betrieben werden. Um die Ausfüllung der oft erheblichen Lücke zwischen großtechnischer Praxis und theoretischem Verständnis haben sich auch Isotopenlaboratorien in vielen Ländern (UdSSR, USA, England, Frankreich, Ungarn u. a.) mit Erfolg bemüht, und seit über 10 Jahren versucht eine kleine Arbeitsgruppe unseres Institutes, dazu einen konstruktiven Beitrag zu leisten.

Im folgenden werden das methodische Vorgehen und einige Ergebnisse der Untersuchung von heterogenkatalytischen Kohlenwasserstoffreaktionen unter Einsatz von ^{14}C-markierten Tracern dargestellt.

2. Experimentelle Grundlagen

Die *Versuchsdurchführung* erfolgt in Strömungsrohr-Reaktoren mit integralem Umsatz. Wir benutzen Mikroreaktoren mit 1 – 6 ml Katalysatorvolumen sowohl für Normaldruck als auch für Überdruck. Ferner steht ein größerer Laborreaktor für bis zu 100 ml Katalysator und Drücken bis 5 MPa zur Verfügung.

In Abb. 1 ist die Druckapparatur dargestellt. Jeder Versuchspunkt wird zunächst mit inaktivem Einsatzprodukt (EP) aus der Dosierpumpe (1a) eingestellt. Sind konstante Bedingungen erreicht, wird zu Beginn eines Tracerversuches gleichzeitig von (1a) auf (1b) und von (8a) auf (8b) umgestellt, der Gasstrom durch die Kühlfallen (9) geleitet und mit der Gasprobenentnahme (10) begonnen. Bei Versuchsende erfolgt die Umstellung in umgekehrter Richtung. Das Flüssigprodukt in (8b) wird vor der Entnahme durch Kühlsole (7) auf 5 °C gekühlt, um Gasverluste bei der Entspannung zu vermeiden. Gas- und Flüssigprodukt werden getrennt bilanziert und analysiert und die Zusammensetzung des Reaktionsproduktes rechnerisch ermittelt.

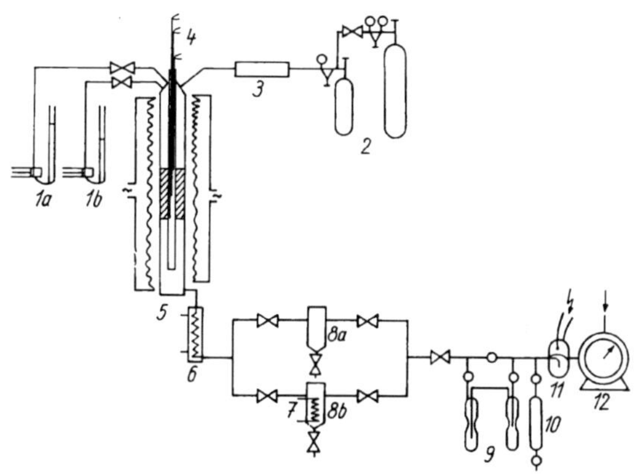

Abb. 1. Laborreaktor für Katalysatorvolumina bis 100 ml und einem Arbeitsdruck bis 5 MPa

1a, b – Dosierpumpen für normales und markiertes Einsatzprodukt; 2 – Gasversorgung; 3 – Gasreinigung; 4 – fünf gleichmäßig über die Katalysatorschicht verteilte Thermoelemente; 5 – elektrisch beheizter Reaktor; 6 – Kondensator; 7 – Flüssigproduktkühler; 8a, b – Flüssigproduktsammler; 9 – Trockeneis-Kühlfallen; 10 – Gasprobenentnahme; 11 – Aktivitätskontrolle: Durchflußzelle mit Fensterzählrohr; 12 – Gasuhr

Eine neuere Entwicklung stellt der in Abb. 2 dargestellte Normaldruck-Reaktor mit Gaschromatographen-Kopplung dar. Die Dosierung kann sowohl im Pulsregime über GC-Mikroliterspritze oder mit Gasschleife und vorgeschaltetem Sättiger betrieben werden (1c) als auch kontinuierlich über eine 1-ml-Spritze mit mechanischem Kolbenvortrieb (1a) oder mit thermostatiertem Sättiger (1b) erfolgen. Der Reaktor (2) besteht aus einem elektrisch beheizten Metallblock mit 6 Edelstahlrohren, die an beiden

[1]) Anschrift: 7050 Leipzig, Permoserstr. 15

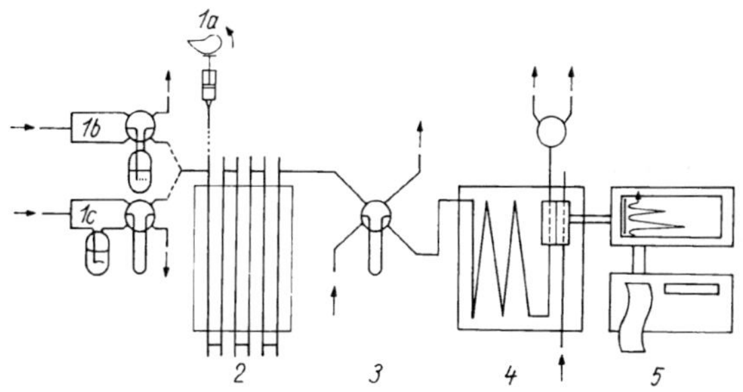

Abb. 2. Mikroreaktor mit GC-Kopplung für Katalysatorvolumina bis 6 ml und Normaldruck (Erläuterungen im Text)

Enden zugänglich sind. Die Rohre können maximal mit 1 g Katalysator beschickt werden. Das Trägergas-EP-Gemisch kann über ein oder mehrere Rohre hintereinander geleitet werden. Die Gasschleife des Probengabeventils (3) dient im Pulsbetrieb als Kühlfalle. An den Gaschromatographen (4) mit Wärmeleitfähigkeitsdetektor sind Geräte zur analogen und digitalen Meßwerterfassung (5) angeschlossen. Die einzelnen Bauteile können überbrückt werden, so daß Retentionszeiten in der Katalysatorschicht und die Form von Eingangs- und Ausgangsimpulsen beobachtet werden können.

Neuerdings wurde gefunden, daß sich die Apparatur auch vorteilhaft für *Markierungssynthesen* einsetzen läßt, nämlich dann, wenn ein katalytischer Syntheseweg existiert, der aber zwangsweise mit unvollständigem Umsatz oder unter Bildung von Nebenprodukten verläuft. Beispiele sind die zu Gleichgewichts-Gemischen führenden Isomerisierungsreaktionen. Wir konnten zeigen, daß die katalytische Isomerisierung mit präparativer GC-Trennung der Produkte im Chargenbetrieb mit jeweils 0,1 – 0,2 ml Einsatzstoff für die folgenden Reaktionen anwendbar ist:

		Leuna-Katalysator	
Cyclohexan (oder Benzen)	$\rightleftharpoons$	Methylcyclopentan	8851
n-Hexan	$\rightleftharpoons$	i-Hexane	8851
Cyclohexan	$\rightleftharpoons$	Methylcyclopentene	5786
o-Xylen $\rightleftharpoons$ m-Xylen	$\rightleftharpoons$	p-Xylen	K8830

Bei allen Reaktionen konnte das Gleichgewicht mit Leuna-Katalysatoren vollständig oder annähernd eingestellt werden.

Das Trennproblem wurde allerdings noch nicht in allen Fällen befriedigend gelöst.

Herzstück der *Analytik* ist die Radiogaschromatographie, gekennzeichnet durch die gleichzeitige Bestimmung von Massen- und Aktivitätskonzentrationen. Als Aktivitätsdetektoren dienen kleinvolumige Durchflußzählrohre, die im Proportional- oder Auslösebereich arbeiten.

In Abb. 3 ist der Durchflußzähler zur radiogaschromatographischen Messung der ^{14}C-Verbindungen dargestellt.

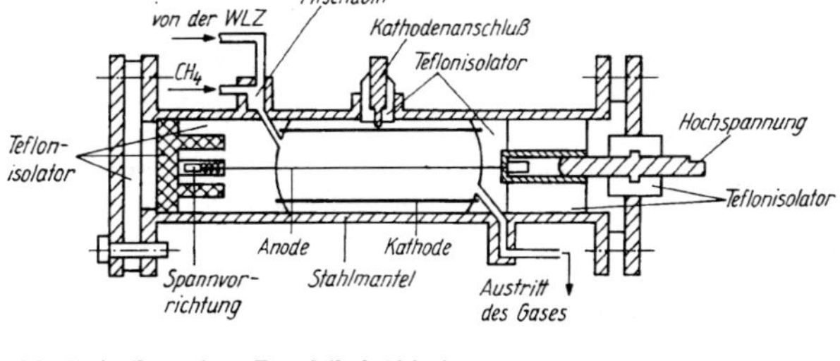

Abb. 3. Aufbau eines Durchflußzählrohrs

Zur Aktivitätsmessung steht ein Flüssigszintillationsspektrometer für flüssige Proben zur Verfügung, während gasförmige in Ionisationskammern gemessen werden.

3. Ergebnisse der experimentellen Untersuchungen

Die von uns untersuchten Probleme können verallgemeinert auf zwei Fragen reduziert werden:

1. *Was* geschieht bei einem technischen Verfahren mit den Komponenten eines Vielstoffgemisches?
2. *Wie* erfolgen einzelne Reaktionsabläufe?

Zu beiden Aufgaben werden nachfolgend Ergebnisse vorgelegt.

3.1. *Benzenbildung bei der Leichtbenzin-Reformierung*

Zur Beantwortung der ersten Frage hat der Betreiber einer industriellen Anlage häufig nicht viel mehr in der Hand als die Einsatzstoff- und Produktanalyse. Demzufolge kann bei der Leichtbenzin-Reformierung mit herkömmlicher Analytik nur die Benzenausbeute als Summeneffekt aus mehreren Bildungsreaktionen ermittelt werden (Abb. 4). Typische Reformierungsreaktionen sind (1) und (2).

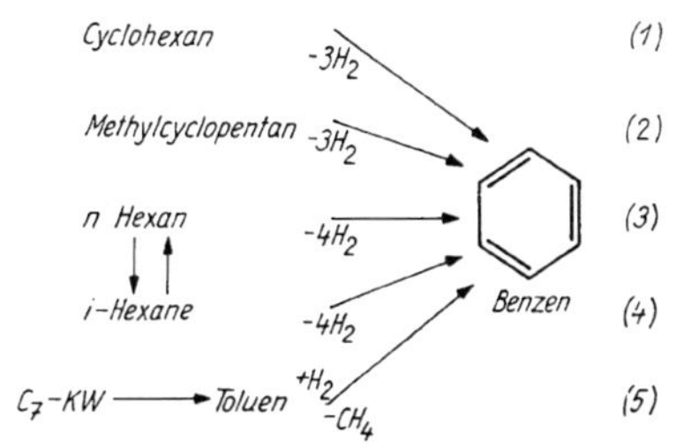

Abb. 4. Benzenbildung bei der Leichtbenzinreformierung durch Dehydrierung (1), Dehydroisomerisierung (2), Dehydrocyclisierung (3 u. 4) und Hydrodealkylierung (5)

Neuerdings bemüht man sich, durch veränderte Reaktionsbedingungen (insbesondere Druckverminderung) auch den hohen Paraffinanteil (Reaktionen 3 und 4) im Leichtbenzin für die Aromatenbildung nutzbar zu machen. Über den Anteil von Reaktion (5) bestand zu Beginn unserer Untersuchung keinerlei Klarheit.

Eine Reihe von Vorversuchen zum Einfluß der Parameter, der Wahl der markierten Verbindungen und zur Wirkung verschiedener Randbedingungen führte uns zu folgendem Versuchsregime:

Es werden Versuchszyklen, bestehend aus drei Versuchen, bei unterschiedlichen Temperaturen zwischen 480 und 540 °C durchgeführt und bei jedem Zyklus ein anderer Tracer eingesetzt. Der erste Zyklus ohne Tracer dient zum „Einfahren" des Katalysators, der danach eine annähernd konstante Aktivität besitzt. Anschließend wurden dem Einsatzprodukt nacheinander n-Hexan-1-^{14}C, Methylcyclopentan-u.-^{14}C und n-Heptan-1-^{14}C zugesetzt. Der im Reaktionsprodukt gefundene Prozentanteil der eingesetzten ^{14}C-Aktivität im Benzen ist ein Maß für die Selektivität des Katalysators für die jeweilige Teilreaktion.

Bei n-Hexan-Markierung wurde festgestellt, daß n- und iso-Hexane im Reaktionsprodukt annähernd die gleiche molare Aktivität besitzen. Das bedeutet: Die Hexanisomerisierung verläuft schnell im Vergleich zur Dehydrocyclisierung; demzufolge tragen auch die iso-Hexane zur Benzenbildung bei. Das konnte durch ergänzende Versuche mit markiertem 2- und 3-Methylpentan auch direkt bestätigt werden.

Durch Methylcyclopentan-Markierung wird der durch Dehydroisomerisierung gebildete Benzenanteil erfaßt.

Der Einsatz von n-Heptan-1-^{14}C verfolgte einen doppelten Zweck: einmal die Selektivität der Toluenbildung zu ermitteln und zweitens Aussagen über die Sekundärreaktion, die Hydrodealkylierung von Toluen, zu erhalten. Dabei wurde von der Annahme ausgegangen, daß Toluen durch 1.6-Ringschluß von n-Heptan gebildet wird, woraus eine ^{14}C-Gleichverteilung zwischen Ring-C-Atomen und Methylgruppe resultieren würde.

In Abb. 5 wurden die Ergebnisse von fünf verschiedenen Katalysatoren zu einer Benzenbilanz zusammengefaßt. Bei der Summierung wurde das bereits im Einsatzbenzin enthaltene Benzen vollständig einbezogen und für die Dehydrierung von Cyclohexan, der schnellsten Benzenbildungsreaktion, eine Selektivität (S) von 90% angenommen.

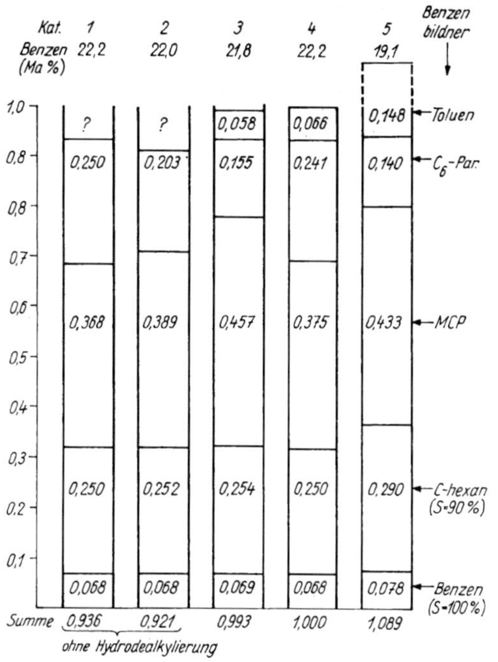

Abb. 5. Benzenbilanz bei der Leichtbenzin-Reformierung an fünf verschiedenen Katalysatoren bei 525 °C und 1 MPa

Es ist ersichtlich, daß trotz annähernd gleicher Benzenausbeuten die Teilreaktionen unterschiedlich katalysiert werden.

Zweifellos sind die Ergebnisse solcher Traceruntersuchungen besonders in der Entwicklungsphase eines Katalysators sehr aufschlußreich. Auf Grund solcher Informationen kann der Katalysatorhersteller gezielte Maßnahmen zur Selektivitätsverbesserung einleiten (z.B. Veränderungen des Gehaltes der Aktivkomponente(n), ihrer Dispersität, der Acidität, der Textur des Trägers usw.).

3.2. *Mechanismen der Isomerisierung von C_8-Aromaten*

Die katalytische Isomerisierung der Xylene wurde mehrfach eingehend untersucht, wobei zwei Mechanismen (I und II) zur Diskussion standen:

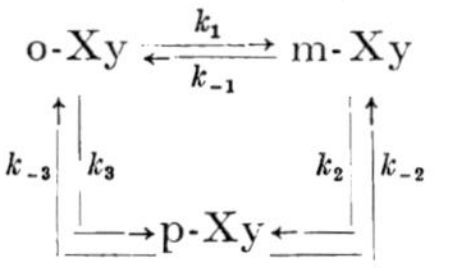

(I): $k_3 = k_{-3} = 0$
(II)

In der Flüssigphase an Katalysatoren vom *Friedel-Crafts*-Typ verläuft die o/p-Xylen-Umwandlung stets über m-Xylen als Zwischenprodukt [1, 2], während in der Gasphase an aciden Katalysatoren auf Aluminiumoxid- oder Zeolithbasis [3–5] zusätzliche Reaktionswege existieren, die nach dem Dreieckmechanismus (II) beschrieben werden können. Moderne großtechnische Verfahren zur Gewinnung von p- und o-Xylen arbeiten ausschließlich in der Gasphase bei Anwesenheit von Wasserstoff und Drücken um 1,5 MPa. Dabei werden C_8-Aromatengemische unterschiedlicher Herkunft und Zusammensetzung an bifunktionellen Edelmetallkatalysatoren oberhalb 400 °C umgesetzt und unter Einbeziehung von Ethylbenzen das Xylengleichgewicht (o-Xy:m-Xy:p-Xy $\approx$ 1:2:1) eingestellt [6].

Die erste Phase unserer Untersuchungen mit einem technischen Pt-Al_2O_3-Katalysator galt der Xylenisomerisierung unter Normaldruck. Für die Tracerversuche wurden folgende Bedingungen gewählt: Ein Gemisch aus 89 Mol% o-Xylen (bzw. p-Xylen), 10 Mol% m-Xylen-methyl-^{14}C und 1 Mol% p-Xylen (bzw. o-Xylen) wurde bei 480 °C im Wasserstoffstrom unter Variation der Belastung*) über den Katalysator geleitet. Der Verlauf der Konzentrationskurven (Abb. 6, 7) läßt keine unmittelbare Entscheidung für eines der beiden Modelle zu. Dagegen entspricht die Änderung der spezifischen Aktivitäten in Abb. 8 und 9 dem Zeitgesetz einer Konsekutivreaktion 1. Ordnung. Die zeitliche Änderung der spezifischen Aktivität γ des Endproduktes C der Folgereaktion

$$A \xrightarrow{k_1} B \xrightarrow{k_2} C \qquad \text{(III)}$$

wird nach *Neiman* [7] durch die Differentialgleichung (1) beschrieben:

$$\frac{d\gamma}{dt} = \frac{k_2[B]\,(\beta - \gamma)}{[C]} \qquad (1)$$

[B], [C] — Konzentrationen von B und C
β, γ — spezifische Aktivitäten von B und C

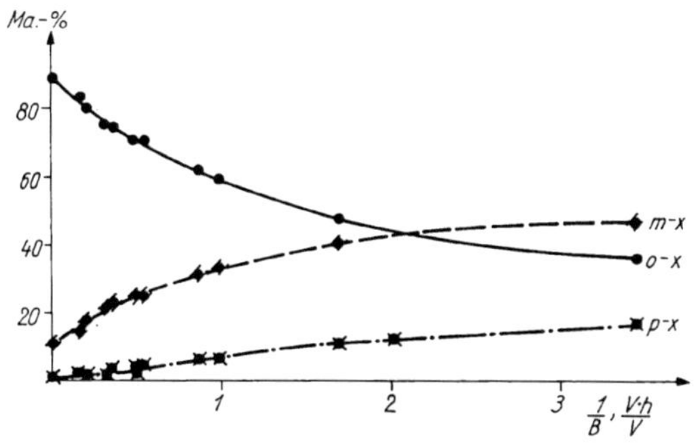

Abb. 6. o-Xylenisomerisierung: zeitliche Änderung der Massenverteilung

Durch die Wahl der Anfangsbedingungen ($\gamma \approx 0$) wird erreicht, daß bei ausschließlich konsekutiver Reaktion das Maximum im Kurvenverlauf von γ und der Schnittpunkt von β und γ zusammenfallen (nur wenn $\beta = \gamma$ wird $d\gamma/dt = 0$). In erster Näherung kann folglich Gleichung (1) als erfüllt und das Modell I als gültig betrachtet werden.

Die rechnerische Auswertung durch nichtlineare Optimierung unter Einbeziehung sowohl der Konzentrationsverläufe als auch der Änderung der spezifischen Aktivi-

*) Die Katalysatorbelastung B wird in Volumen flüssiges EP pro Volumen Katalysator und Stunde (v/vh) angegeben. Der reziproke Wert 1/B ist ein Maß für die mittlere Verweilzeit der Reaktanten am Katalysator.

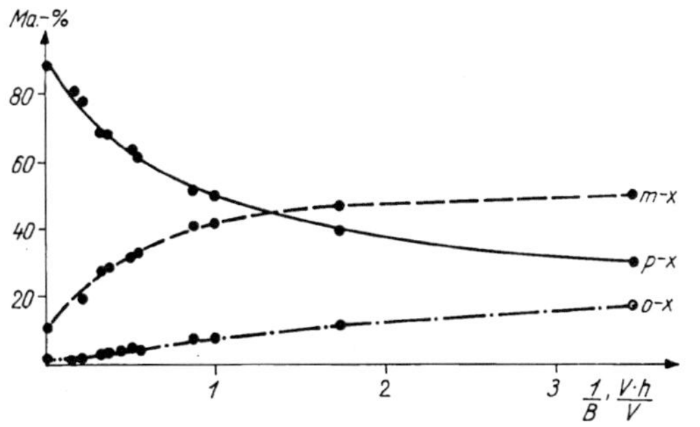

Abb. 7. p-Xylenisomerisierung: zeitliche Änderung der Massenverteilung

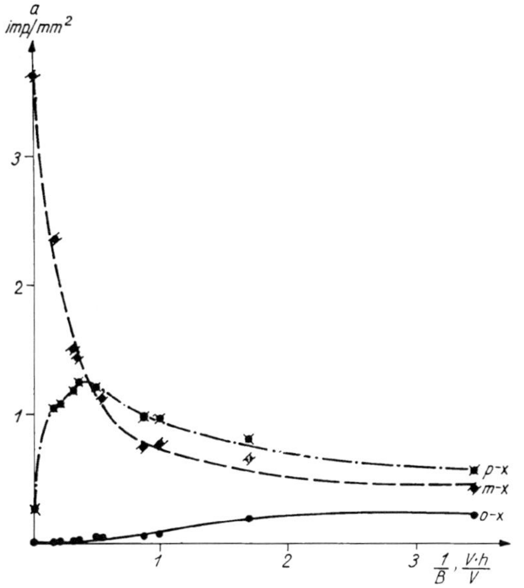

Abb. 8. o-Xylenisomerisierung: zeitliche Änderung der spezifischen Aktivitäten (a) in Impulsen pro mm² Peakfläche (imp./mm²)

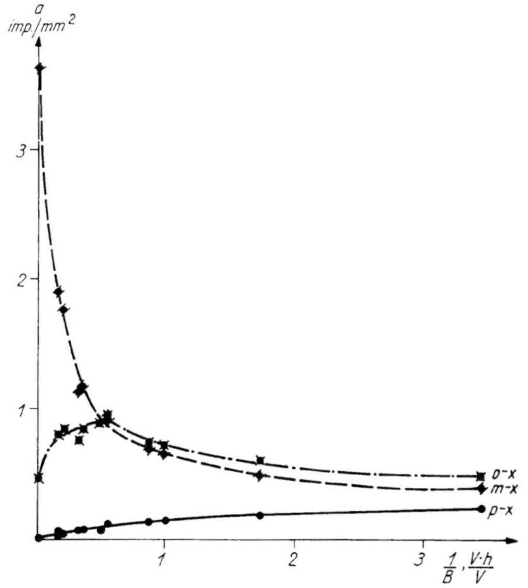

Abb. 9. p-Xylenisomerisierung: zeitliche Änderung der spezifischen Aktivitäten (a) in Impulsen pro mm² Peakfläche (imp./mm²)

täten zeigte allerdings, daß das Modell II die experimentellen Werte signifikant besser anzugleichen vermag [8], wenn auch k_3 und k_{-3} um mindestens eine Größenordnung kleiner sind als die übrigen Geschwindigkeitskonstanten.

Eine plausible Erklärung für diesen Befund wäre die partielle Beteiligung eines intermolekularen Mechanismus über Trimethylbenzene als Zwischenstufe.

Die Möglichkeit eines verfälschenden Einflusses von Adsorptions-Desorptionsprozessen auf den Reaktionsmechanismus konnte durch ergänzende Isotopenaustauschversuche sicher ausgeschlossen werden [9].

Weiterführende Untersuchungen waren in erster Linie auf die Aufklärung der Ethylbenzenisomerisierung unter technischen Reaktionsbedingungen gerichtet.

Der Einsatz von spezifisch markierten Ethylbenzenen (C-Atome 1–6, 7 und 8) und die Messung der ^{14}C-Verteilung im Xylen (Ring-C und Methyl-C) sollten Anhaltspunkte über die Art der Strukturisomerisierung liefern. Positionsanalyse kann bei ^{14}C-Markierung nur durch definierten Abbau der Moleküle erfolgen: im vorliegenden Fall durch Oxydation der Methylgruppen und Decarboxylierung der Carbonsäuren. Zu erwarten wäre bei der Umlagerung von Ethylbenzen (EtB) über Ringverengungs- oder Ringerweiterungsreaktionen bei Einsatz von

EtB-ring-^{14}C:	~17% (1/6)	Methylmarkierung
EtB-7-^{14}C:	0%	im
EtB-8-^{14}C:	100%	Xylen

Die Ergebnisse in Tab. 1 zeigen deutlich die Beteiligung von Ring-C-Atomen bei der Umlagerung, aber quantitativ starke Abweichungen von den erwarteten Werten in Richtung Gleichverteilung.

Eine Erklärung dafür lieferten analoge Versuche mit m-Xylen-methyl-^{14}C als Tracer. Während bei Normaldruck die ursprüngliche Markierungsposition nahezu unverändert bleibt, tritt bei erhöhtem Wasserstoffdruck ein neuer Isomerisierungsmechanismus auf, der zum Einbau von Methylkohlenstoff in den aromatischen Ring führt. Bei 2 MPa ist dieser Effekt von gleicher Größenordnung wie bei Einsatz von Ethylbenzen-8-^{14}C. Da Xylen schneller isomerisiert als Ethylbenzen, konnten die zu erwartenden primären Isotopenverteilungen im Isomerisat des Ethylbenzens nicht beobachtet werden. Gleichzeitig liefern die Befunde eine Erklärung für die Druckabhängigkeit der Gleichgewichtseinstellung zwischen den Xylenisomeren.

Die gewonnenen Erkenntnisse wurden zu einem Mechanismus-Vorschlag für die Hauptreaktionen bei der Isomerisierung von C_8-Aromaten im Formelbild IV vereinfacht zusammengefaßt:

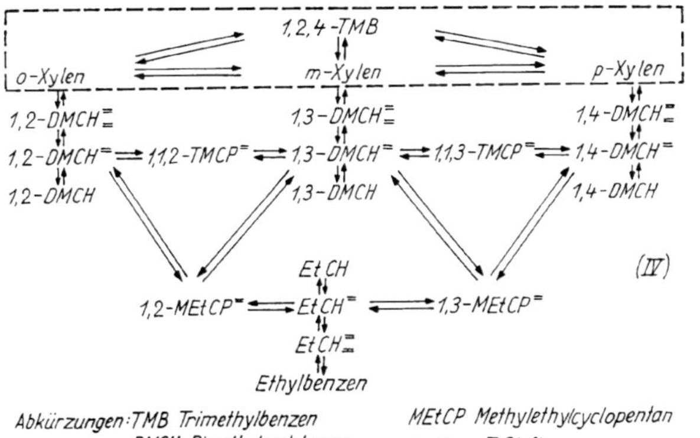

Abkürzungen: TMB Trimethylbenzen
DMCH Dimethylcyclohexan
EtCH Ethylcyclohexan
TMCP Trimethylcyclopentan
MEtCP Methylethylcyclopentan
Indices: = Olefin
= Dien

Tab. 1. ^{14}C-Verteilung im Xylen bei der Isomerisierung von ^{14}C-markiertem Ethylbenzen und Xylen an $Pt\text{-}Al_2O_3$ bei 450 °C

Tracermarkierung	Druck MPa	^{14}C-Verteilung, %	
		Methyl-C	Ring-C
EtB-ring	1,8	21,8	78,2
EtB-7	1,8	9,9	90,1
EtB-8	1,8	71,5	28,5
m-Xy-methyl	0,1	99,0	1,0
m-Xy-methyl	1,1	83,8	16,2
m-Xy-methyl	1,6	79,9	20,1
m-Xy-methyl	2,1	72,3	27,7

Bei allen senkrechten Reaktionspfeilen handelt es sich um Hydrierungs-Dehydrierungs-Gleichgewichte, während Isomerisierungsreaktionen durch waagerechte und schräge Pfeile gekennzeichnet sind. Schema IV bringt zum Ausdruck, daß für Ethylbenzen nur eine, für die Xylene dagegen mindestens drei Reaktionswege existieren. Unter ausschließlich isomerisierenden Bedingungen können nur Umwandlungen zwischen den eingerahmten Reaktionspartnern durch intra- und intermolekulare Methylgruppenübertragung stattfinden. Am bifunktionellen Katalysator (Hydrier- und Isomerisierungsaktivität) erfolgt mit Erhöhung des Wasserstoffdrucks eine Verschiebung aller Hydriergleichgewichtsreaktionen in Richtung Naphtene, so daß sich neue Reaktionswege eröffnen. Verzweigungsstellen sind höchstwahrscheinlich die Alkylcyclohexene, da weder Ethylbenzen noch Ethylcyclohexan am platinfreien Katalysator nennenswert umgesetzt werden. Als Zwischenprodukte konnten durch GC-MS*-Untersuchungen des Ethylcyclohexen-Isomerisats Alkylcyclopentene (vorzugsweise Ethyl-Methylcyclopentene) wahrscheinlich gemacht werden, während das Ringerweiterungsprodukt Methylcyclohepten nur als Spur (0,1%) nachweisbar war [10]. Ergänzende Versuche mit Modellsubstanzen im Pulsregime lieferten weitere Argumente für die Annahme, daß mit großer Wahrscheinlichkeit Fünfringverbindungen und nicht sieben- oder achtgliedrige Ringe als Zwischenprodukte auftreten, was kürzlich auch von anderen Autoren [11] bestätigt wurde.

Die sich aus dem Mechanismusvorschlag ergebenden Konsequenzen bezüglich der wünschenswerten Katalysatoreigenschaften und Wahl der Reaktionsbedingungen in Abhängigkeit vom zur Verfügung stehenden Einsatzprodukt wurden bereits an anderer Stelle [10] ausführlich erörtert.

*) Kombination von Gaschromatographie und Massenspektrometrie

4. Zusammenfassung

Es wurde gezeigt, daß bei der Leichtbenzen-Reformierung aus ^{14}C-Hexan n- und iso-Hexane in annähernd gleichen molaren Aktivitäten entstehen. Die Hexanisomerisierung erfolgt also schnell im Vergleich mit der Dehydrocyclisierung, so daß auch die iso-Hexane zur Benzenbildung beitragen.

Durch ^{14}C-Markierung von Xylen wurde, unter Anwendung der kinetischen Isotopenmethode, nachgewiesen, daß $Pt\text{-}Al_2O_3$-Katalysatoren nicht nur die Umwandlung von o-Xylen in m-Xylen und die Umwandlung von m-Xylen in p-Xylen katalysieren, sondern auch die direkte Umlagerung von o-Xylen in p-Xylen. Wahrscheinlich ist im letzten Falle ein intermolekularer Mechanismus mit Trimethylbenzenen als Zwischenstufe wirksam.

Durch Anwendung von in spezifischen Molekülpositionen ^{14}C-markierten Ethylbenzenen wurde nachgewiesen, daß Ring-C-Atome an der Umlagerung in Xylen beteiligt sind. Auf der Grundlage dieser Untersuchungen wurde eine Vorstellung über die Hauptreaktionen bei der katalytischen Isomerisierung von C_8-Aromaten erarbeitet, aus der sich Aussagen über die Zusammenhänge zwischen Substrat-Zusammensetzung von Katalysatoreigenschaften ableiten lassen.

Es wurde gezeigt, daß sich eine für die beschriebenen Untersuchungen entwickelte Kombination Reaktor mit Katalysator/Gaschromatograph vorteilhaft zur Herstellung ^{14}C-markierter Kohlenwasserstoffe wie Methylcyclopentene und p-Xylen verwenden läßt.

Die Autoren danken Herrn Prof. Dr. rer. nat. habil. *H. Koch* für die Unterstützung dieser Arbeit.

Eingegangen am 16. 7. 1980

Literatur

[1] *R. H. Allen, L. D. Yats*, J. Amer. Chem. Soc. **81** (1959) 5289
[2] *D. A. McCauley, A. P. Lien*, J. Amer. Chem. **74** (1952) 6246
[3] *A. J. Silvestri, C. D. Prater*, J. physic. Chem. **68** (1964) 3268
[4] *M. A. Lanewala, A. P. Bolton*, J. org. Chem. **34** (1969) 3107
[5] *M. Bremer, K. P. Wendlandt*, Symp. on the Mechanisms of Hydrocarbon Reactions, Siofok (Ungarn) Juni 1973, paper 38
[6] *G. König*, Erdöl und Kohle **26** (1973) 323
[7] *M. B. Neiman, D. Gal*, The Kinetic Isotope Method and its Application, Akademia Kiado, Budapest 1972
[8] *F. J. Bauer, J. Dermietzel, M. Rösseler, H. Koch*, Chem. Techn. **28** (1976) 144
[9] *F. Bauer, J. Dermietzel*, Isotopenpraxis **14** (1978) 300
[10] *J. Dermietzel, F. Bauer, Ch. Wienhold, W. Jockisch, J. Klempin, H.-J. Barz, H. Franke, K. Becker, H. John*, Chem. Techn. **30** (1978) 626
[11] *K. H. Roebschlaeger, E. G. Christoffel*, Ind. Engin. Chem., Prod. Res. Dev. (N.Y.) **18** (1979) 347

Konzept perzentiler Diffusionstiefen schneller Elektronen

H.-W. Thümmel

(Zentralinstitut für Isotopen- u. Strahlenforschung der Akademie der Wissenschaften der DDR)[1]

Herrn Prof. Dr. phil. habil. *C. F. Weiss* zum 80. Geburtstag gewidmet

Die Diffusionstiefe schneller Elektronen wird aus der Umkehrtiefenverteilung der kontinuierlichen Diffusionstheorie von Bothe abgeleitet und als perzentile Größe aufgefaßt, die angibt, welcher Bruchteil der Elektronen des Primärbündels zur Diffusion gelangt ist. Dadurch gelingt es, den Begriff ‚Diffusionstiefe' zu präzisieren, die Abweichung zwischen den nach unterschiedlichen Kriterien bestimmten experimentellen Diffusionstiefen zu klären sowie ihren Zusammenhang mit theoretischen Diffusionstiefen herzustellen.

Keywords

atomic number; backscattering; diffusion depth; electron beams; electrons; energy losses; energy range; scattering; transmission

1. Problemstellung

Fällt ein kollimiertes Bündel schneller Elektronen (senkrecht) auf ein Target ein, wird es infolge zahlreicher Einzelstreuungen (um kleine Winkel) an Atomkernen sowie Hüllenelektronen (unter Energieverlust) allmählich aufgefächert; die Elektronen des Bündels verlieren ihre Anfangsorientierung, d. h., sie gehen in einen diffusionsartigen Ausbreitungszustand über. Zur vereinfachten modellmäßigen Beschreibung definierten *Bethe*, *Rose* und *Smith* [1] (s. a. [2]) eine sogenannte Tiefe der vollständigen Diffusion, bis zu der das Bündel ohne Zerstreuung in das Medium eindringt und dort plötzlich in einen Zustand vollständiger Diffusion (mit istotroper Richtungsverteilung) übergeht. Diese Tiefe der ‚vollständigen' Diffusion spielt seither eine zentrale Rolle in der Mehrzahl der Modelle zur Beschreibung der Elektronenausbreitung, z.B. im Transmissionsmodell von *Bethe*, *Rose* und *Smith* [1], im Rückstreumodell von *Archard* [3].

Auf der anderen Seite liegt eine Reihe von Versuchen vor, aus Meßergebnissen für Winkelverteilungen, Transmissionskurven u. ä. durch geeignete Vorschriften (Kriterien) Zahlenwerte für die Diffusionstiefe abzuleiten. Die Situation ist dadurch gekennzeichnet, daß die Vergleichbarkeit der nach unterschiedlichen Kriterien bestimmten Diffusionstiefen untereinander sowie mit theoretischen Diffusionstiefen nicht gewährleistet ist, so daß nicht miteinander korrespondierende Zahlenwerte in der Literatur zu finden sind. Insbesondere den Zusammenhang mit den theoretischen Diffusionstiefen herzustellen, wäre sehr wünschenswert, weil dadurch eine geschlossene Energieabhängigkeit angegeben werden könnte, während die Energieabhängigkeit experimenteller Diffusionstiefen als ungenügend gesichert erscheint. Die Schwierigkeiten liegen formal darin begründet, daß theoretische und experimentelle Diffusionstiefen nach unterschiedlichen Kriterien bestimmt werden. Die eigentliche Ursache ist jedoch darin zu sehen, daß der Diffusionsprozeß nicht plötzlich einsetzt, sondern ein allmählich fortschreitender Prozeß ist, der von der *Fokker-Planck*-Gleichung bzw. den äquivalenten Diffusionsgleichungen von *Bothe* [4] zur Richtungsdiffusion sowie von *Bethe*, *Rose* und *Smith* [1] zur Volumendiffusion beschrieben wird (s. a. [2]). Das wird im obengenannten theoretischen Modell von *Bethe*, *Rose* und *Smith* für die Diffusionstiefe nicht berücksichtigt.

Die Probleme lassen sich wenigstens zum Teil beheben, wenn die Diffusionstiefe entsprechend dem kontinuierlichen Diffusionsmodell von *Bothe* [5, 12] als eine perzentile Größe aufgefaßt wird, wie das für Reichweiten, Rückstreukoeffizienten und andere Größen bereits üblich ist [6, 7]. Es wird vorgeschlagen, sowohl theoretische als auch experimentelle Diffusionstiefen ($s_{D,P}$ bzw. $x_{D,P}$) durch den Prozentsatz P der Elektronen des Bündels, die in einen Diffusionszustand übergegangen sind, zu charakterisieren.

2. Diffusionstiefenverteilung und perzentile Diffusionstiefen

Die differentielle Umkehrtiefenverteilun $F'(\chi(s))$ der Diffusionstheorie von *Bothe* (s. Abb. 1) kann näherungsweise als differentielle Diffusionsweglängenverteilung interpretiert werden. Die integrale Verteilung $F(\chi(s))$ (s. Abb. 1b) gibt an, mit welcher Wahrscheinlichkeit ein Elektron bzw. welcher Prozentsatz P der Elektronen eines Bündels in der (perzentilen) $P\%$-Diffusionstiefe $s_{D,P}$ beim Wert der

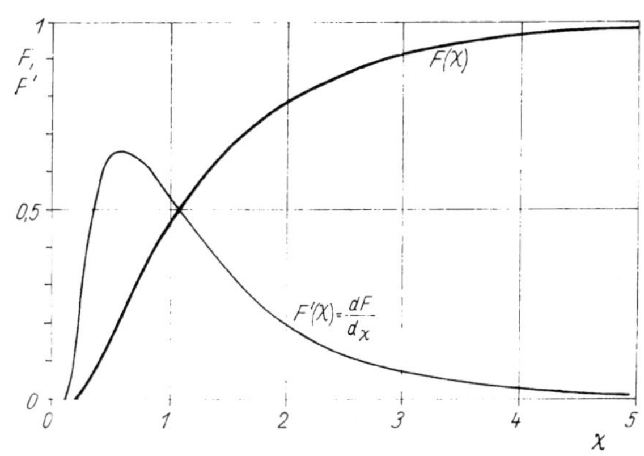

Abb. 1. Differentielle und integrale Tiefenverteilung $F'(\chi)$ bzw. $F(\chi)$ der Elektronen bei ihrer ersten Umkehr gemäß der Theorie von *Bothe* [5]; $\chi(s)$ ist der Streuparameter der Theorie der Richtungsdiffusion (s. Gleichung 1)

[1]) Anschrift: 7050 Leipzig, Permoserstr. 15

Streufunktion $\chi(s_{D,P}) = \chi_P$ in den diffusionsartigen Ausbreitungszustand übergeht. Die als Parameter auftretende sogenannte Streufunktion

$$\chi(s) = \int_0^s \frac{ds}{\lambda_T(s)} = \int_{E_0}^{E} \frac{dE'}{\lambda_T(E')\,S(E')} \tag{1}$$

gibt die Anzahl der Transportweglängen λ_T an, die auf dem Wegstück von $s = 0$ bis $s = s$ durchlaufen wurden; χ kann auch als Anzahl der Transportstöße unter Berücksichtigung der Energieabnahme längs dieses Weges interpretiert werden (s. a. [2], S. 82). $S(E)$ ist das Massenbremsvermögen im kontinuierlichen Bremsmodell.

Näherungen für die Streufunktion χ sind (s. [2], S. 169ff.) für Primärenergien $E_0 < 1$ MeV:

$$\chi = 0{,}225 Z \ln(1/k) = 0{,}36\, Z \ln(1 - t) \tag{2a}$$

mit $k = E/E_0 = (1 - t^{1/1,6})$ sowie
für Primärenergien $E_0 > 1$ MeV:

$$\chi = \frac{0{,}21 Z}{E_0^{0,6}}(1 - k^{-0,6}) \tag{2b}$$

mit $k = 1 - t$. ($t = s/\bar{L}$; $\bar{L}$: mittlere Bahnlänge).
Für ein vorgegebenes Perzentil P erhält man den Wert der Streufunktion aus Abb. 1; z.B. $P = 50\%$ ergibt $\chi_{P=50} = 1{,}1$). Die zugehörige perzentile Diffusionsweglänge $s_{D,P}$ erhält man durch Umkehrung der Gleichung (2a)

$$s_{D,P}/\bar{L} = 1 - \exp\left(-\frac{7}{Z}\chi_P\right) \tag{3}$$

für kleine Primärenergien; für das Beispiel ergibt sich $s_{D,50}/\bar{L}$ zu 0,72 für C bzw. 0,09 für Pb. Die von *Bethe, Rose* und *Smith* durch die Bedingung $\chi(s_D) = 1$ eingeführte Tiefe der ‚vollständigen' Diffusion s_D ist danach etwa eine 50%-Diffusionsweglänge (genauer 45%-Diffusionsweglänge). Sie erscheint danach für die Diskusions experimenteller Ergebnisse gut geeignet. Eine Übersicht über die im folgenden verwendeten Perzentil-Diffusionsweglängen gibt Tab. 1.

Tab. 1. Zusammenhang zwischen Streufunktion χ, Umkehrtiefen (-Diffusionslängen)-Verteilung F $F(\chi(s))$ und perzentilen Diffusionslängen $s_{D,P}$

χ	$F(\chi)$*)	$s_{D,P}^{**}$)	Bezeichnungsweise**)
0,61	0,15	$s_{D,15} = s_{D,w}$	wahrscheinlichste Diffusionslänge
1	0,45	$s_{D,50} = s_D$	50%-Diffusionslänge, ‚Tiefe der „vollständigen" Diffusion'
1,32	0,60	$s_{D,60} = \bar{s}_D$	mittlere Diffusionslänge
2	0,79	$s_{D,80}$	80%-Diffusionslänge
3	0,91	$s_{D,90}$	90%-Diffusionslänge
4	0,96	$s_{D,95}$	95%-Diffusionslänge
5	0,99	$s_{D,99}$	99%-Diffusionslänge

*) Zahlenwerte nach der Umkehrtiefenverteilung von *Bothe*
**) gerundete Werte

3. Energieabhängigkeit der theoretischen Diffusionsweglänge

3.1. *Reduzierte Diffusionsweglänge* $s_D/\bar{L}$

In Abb. 2a ist die Energieabhängigkeit der sogenannten (reduzierten) Tiefe der ‚vollständigen' Diffusion nach der

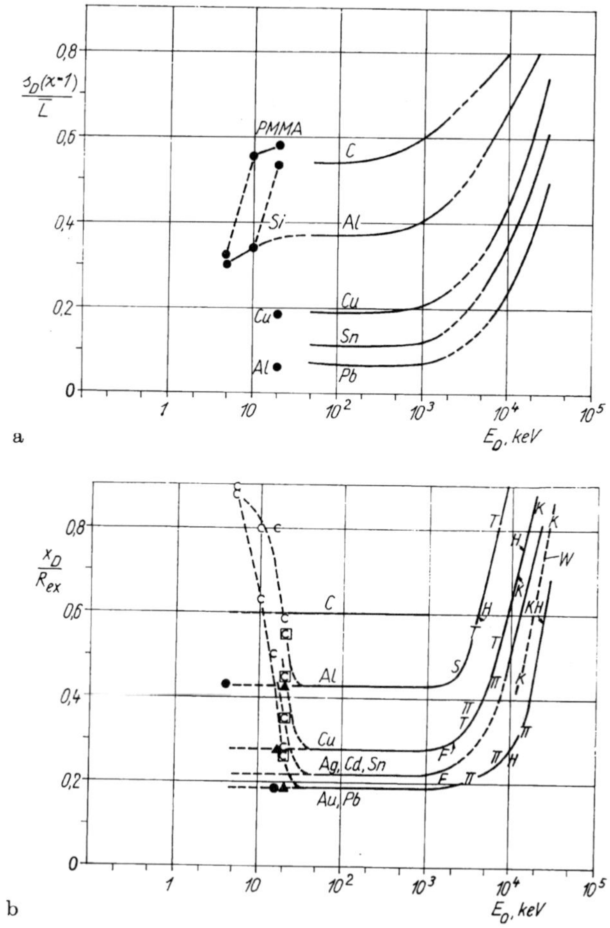

Abb. 2. Abhängigkeit der Tiefe der ‚vollständigen' Diffusion von der Primärenergie für ein senkrecht einfallendes Elektronenbündel und Betrachtung der in den Halbraum transmittierten bzw. rückgestreuten Elektronen nach der Definition von *Bothe, Rose* und *Smith* ($\chi = 1$ in Gleichung 1):

a) Diffusionslänge s_D (gemessen längs des Elektronenweges; für $\chi = 1$ bezogen auf die mittlere Bahnlänge $\bar{L}$ (Bild oben); eingetragen sind folgende Ergebnisse:

5 bis 20 keV: $s_D/\bar{L}$ nach Auswertungen von *Hawryluk* u. a. [8] (1974) für PMMA, Si, Cu, Au

0,1 bis 4 MeV: $s_D/\bar{L}$ berechnet für C, Al, Cu, Sn, Pb nach *Thümmel* [9] (s. a. [2], Tab. 11. 2 – 2, Tab. 19. 2 – 3)

> 6 MeV: $s_D/\bar{L}$ berechnet für C, Al, Cu, Cd, Pb (nach *Harder* und *Poschet* [10])

b) Diffusionstiefe x_D (gemessen als senkrechter Abstand von der Targetoberfläche) bezogen auf die extrapolierte Reichweite R_{ex} (Bild unten): eingetragen sind experimentelle Ergebnisse nach unterschiedlichen Kriterien laut Tab. 2; im Gebiet von etwa 0,01 bis 4 MeV ist der theoretische Verlauf (gemäß Abb. 2a) nach Umrechnung auf x_D/R_{ex} dargestellt. Umrechnungen von $s_D/\bar{L}$ auf x_D/R_{ex} und umgekehrt erfolgten mit den Umwegfaktoren $s_D/x_D = 1{,}15$ und $\bar{L}/R_{ex} = 1 + Z/40$ (s. [2], S. 200ff.)

Definition von *Bethe, Rose,* und *Smith* (d. h. s_D aus $\chi = 1$) dargestellt (s. a. Abb. 11.2-1 in [2]). Die von 0,05 bis 4 MeV eingetragenen Werte ergeben sich aus den einzigen vorliegenden numerischen Auswertungen für λ_T von *Meister* [11].

Die Kurvenverläufe im Bereich von 5 bis 30 MeV beruhen auf Abschätzungen von *Harder* und *Poschet* [10] in einer hochenergetischen Näherung (Gleichung 2b). In der niederenergetischen Näherung ist nach Gleichung (3) die reduzierte Diffusionsweglänge für alle Perzentile P energieunabhängig. Die neueren Auswertungen von *Hawryluk, Hawryluk* und *Smith* [8] auf der Grundlage einer (leicht

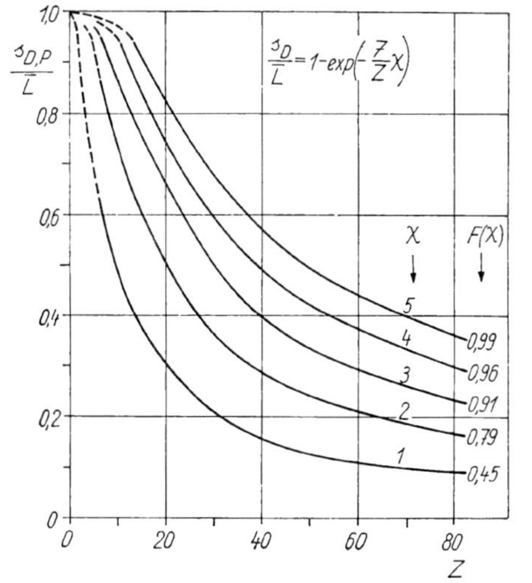

Abb. 3. Reduzierte perzentile Diffusionslängen $s_{D,P}/\bar{L}$ als Funktion der Kernladungszahl berechnet in der niederenergetischen Näherung Gl. (3) für $E_0 < 1$ MeV

Die Kurven $\chi = 1, 2, 3, 4, 5$ geben an, in welcher reduzierten ‚Tiefe' $s_{D,P}(\chi)/\bar{L}$ etwa 45 %, 79 %, 91 %, 96 % bzw. 99 % der renkrecht auf einen Absorber fallenden Elektronen durch Kleinwinkel-Vielfachstreuung zu einem Gesamt-Ablenkwinkel $\Theta > 90°$ entsprechend der Umkehrtiefenverteilung der Diffusionstheorie von *Bothe* umgelenkt worden sind. Alle zu $\Theta > 90°$ abgelenkten Elektronen werden als Diffusionselektronen definiert.

modifizierten) *Bethe-Rose-Smith*-Formel weisen eine Konstanz von $s_D/\bar{L}$ bis herab zu 20 keV für alle Elemente aus; für leichte Elemente wird s_D bis herab 5 keV verfolgt und ein leichter Abfall mit fallender Primärenergie verzeichnet (Abb. 2a). Die in Abb. 3 als Funktion der Kernladungszahl Z dargestellten reduzierten Perzentil-Diffusionsweglängen $s_{D,P}/\bar{L}$ wurden auf der Grundlage von Gleichung (3) berechnet; als Faustregel gilt

$$s_{D,90} \approx 2\, s_D \approx 2\, s_{D,50}$$

3.2. *Reduzierte Diffusionstiefen* x_D/R_{ex}

Die Umrechnung einer theoretischen Diffusionsweglänge s_D auf eine Diffusionstiefe x_D in einem eben begrenzten Medium ist über einen aus einem Modell abzuleitenden Umwegfaktor $U_D(s_D) = s_D/x_D$ möglich.

Mit dem früher ([2], S. 200ff.) zur Umrechnung benutzten kernladungszahl- und tiefenunabhängigen Wert $U_D = 1{,}15$ erhält man die Kurven der Abb. 2b; eingetragen sind die Meßwerte $x/^{CT}_{D} R_{ex}$ von *Cosslett* und *Thomas* [12], die einen Anstieg der reduzierten Diffusionstiefe für fallende Primärenergie aufweisen (Abb. 2b unterscheidet sich von der entsprechenden Abb. 11.2-1 in [2] nur dadurch, daß die Werte von *Cosslett* und *Thomas* von $R_{\bar{E}} = 0$ auf R_{ex} als Bezugsgröße umgerechnet wurden). Der Bezug auf die extrapolierte Reichweite ist zunächst willkürlich, aber vorteilhaft, weil im Gegensatz z.B. zur maximalen Reichweite nicht die Durchdringungsfähigkeit eines verschwindenden Bruchteiles, sondern eines zwar kleinen, aber noch merklichen Bruchteiles der Primärelektronen (je nach Z und E_0 etwa 5% bis 15%) beschrieben wird; außerdem liegt für $R_{ex}(Z, E_0)$ ausführliches Zahlenmaterial vor (s. z. B. [13]).

Modifizierte Betrachtungen zum Umwegfaktor im Diffusionsfall ergeben einen Umwegfaktor von $U_D = 1{,}37$ [14], so daß die Angaben der Abb. 2b etwas zu groß sein könnten.

Trotz der bezüglich des Umwegfaktors U_D noch enthaltenen Unsicherheiten bietet die Umrechnung der theoretischen Diffusionsweglängen in Diffusionstiefen den Vorteil, daß im Rahmen der Richtigkeit der zugrunde liegenden Umkehrtiefenverteilung der Diffusionstheorie von *Bothe* durch jeden Prozentsatz P zur Diffusion gelangter Elektronen eine auf einheitlicher Grundlage berechnete perzentile Diffusionstiefe $x_{D,P}/R_{ex}$ (auf der Grundlage der Abb. 3) angegeben werden kann. Solche (mit $U_D = 1{,}37$ berechneten) Kurven der Energieabhängigkeit von Diffusionstiefen für unterschiedliche Prozentsätze (zwischen 50 und 90%) zur Diffusion gelangter Elektronen sind in Abb. 4 für Aluminium und Gold dargestellt.

a

b

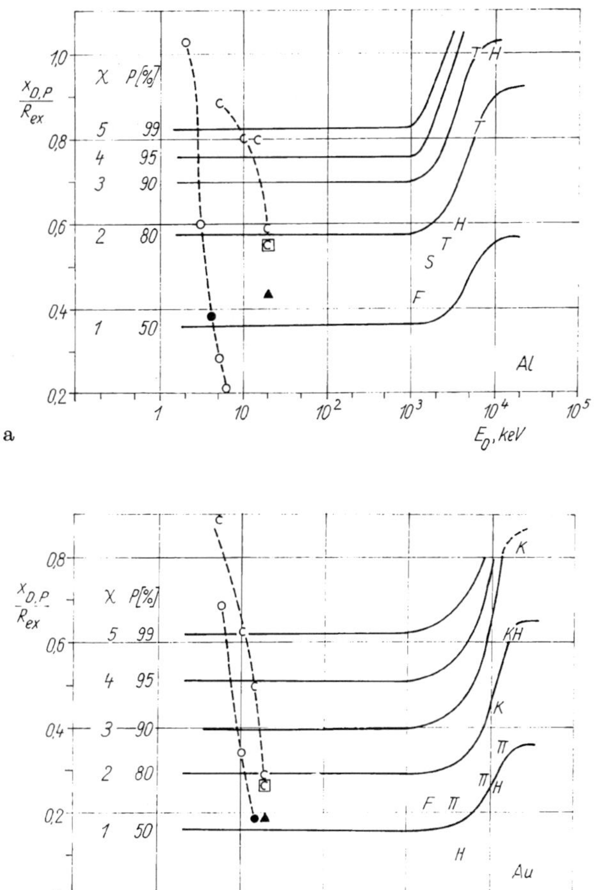

Abb. 4. Energieabhängigkeit der reduzierten perzentilen Diffusionstiefen

$x_{D,P}/R_{ex}$: (a) für Al, (b) für Au

$x_{D,P}/R_{ex}$ ist diejenige Tiefe, in der mit der Wahrscheinlichkeit P ein Elektron in den Diffusionszustand übergeht, d. h. zu $\Theta > 90°$ abgelenkt worden ist.

Berechnet mit dem Umwegfaktor $U = s_D/x_D = 1{,}37$; eingetragene Meßwerte nach Tab. 4

Man erkennt, daß die Mehrzahl der eingetragenen experimentell — meist nach dem Kriterium der Konstanz der Transmissions-Winkelverteilungsbreiten — bestimmten Diffusionstiefen sich im Gebiet der 60%- bis 90%-Diffusionstiefen einordnen, was als eine wechselseitige Bestätigung von Experiment und Rechnung gewertet werden darf. (Angaben über Verfahrensweise und Genauigkeit bei der Diffusionstiefenbestimmung nach diesem Kriterium fehlen in der relevanten Literatur.)

4. Energieabhängigkeit experimenteller Diffusionstiefen

4.1. Kriterien zur Bestimmung der Diffusionstiefe

Die beiden in der Literatur am häufigsten benutzten empirischen Kriterien für das Erreichen eines Diffusionszustandes sind die Konstanz der Breite der Transmissions-Winkelverteilung sowie eine mittlere Eindringtiefe (s. a. [2], S. 170ff.).

4.1.1. Dicke der konstanten Transmissions-Winkelverteilungsbreite. Die Konstanz der Breite der Transmissions-Winkelverteilung ist erreicht, wenn ein charakteristischer Ablenkwinkel (Θ_w, $\bar{\Theta}$ oder Θ_h) einen Sättigungswert annimmt. Die Sättigungscharakteristik beispielsweise von $\Theta_w(x)$ korrespondiert mit derjenigen der Diffusionsweglängenverteilung $F(\chi(s))$; das heißt, wenn $F(\chi)$ erst für große χ-Werte — d. h. für große Tiefen — einen Sättigungswert erreicht, muß der Sättigungswert von Θ_w auch einen großen χ-Wert einer großen Diffusionstiefe $x_{D,P}$ mit P nahezu 100% entsprechen. Man erhält aus Messungen der Winkelverteilungsbreite also offenbar Angaben über die Tiefe, in der „fast" alle Elektronen zur Diffusion gelangt sind.

Wegen des allmählichen Einmündens in den Sättigungswert hängt die experimentell bestimmte Diffusionstiefe (wie z.B. auch die Sättigungsrückstreudicke), für die der Sättigungswert erkannt wird, von der erreichten Bestimmungsgenauigkeit (Meßgenauigkeit sowie Ablesegenauigkeit aus einer graphischen Darstellung, s. z. B. [37—39] von $\Theta_w(x)$ ab. In Analogie zur Verfahrensweise bei anderen Meßgrößen sollte man daher besser z.B. die Diffusionstiefe $x_{D,90}$, für die 90% des Sättigungswertes von $\Theta_w(x)$ erreicht werden, ablesen. Wegen der geometrischen Bedingungen in eben begrenzten Absorbern würde $x_{D,90}$ allerdings (gemäß Abschn. 3) nur näherungsweise mit $s_{D,90}$ korrespondieren.

Daß die so bestimmten Diffusionstiefen tatsächlich wesentlich höher liegen als etwa eine 50%-Diffusionstiefe, wird z. B. durch die ausführliche Diskussion seiner Meßwerte für 1,75 MeV durch *Frank* [15] illustriert; in Abb. 2b ist diejenige Dicke als Diffusionstiefe eingetragen, für die die Winkelverteilungen eine Halbwertsbreite von 45° erreicht haben; nach Abb. 4 erhält man so etwa eine 50%-Diffusionstiefe. Die Verteilungsbreite wächst mit steigender Foliendicke, jedoch darüber hinaus noch weiter an, laut *Frank* bei Blei bis zum 4,5fachen der 50%-Diffusionstiefe, was nach Abb. 4 fast genau einer 99%-Diffusionstiefe entspricht.

4.1.2. Mittlere Eindringtiefe (Reichweite $\bar{R}$). Von *Bishop* [16] ist die mittlere Eindringtiefe von Elektronen verschwindender Restenergie als Diffusionstiefe definiert worden. Mit Hilfe der *Machov*-Darstellung von Transmissionskurven (s. [17—19]).

$$T = \exp\left(-\left(x/R_{37}\right)^{p}\right) \tag{4}$$

läßt sich $\bar{R}/R_{ex,w}$ leicht aus dem Kurvenformparameter $p(E_0/Z)$, der in engem Zusammenhang z.B. mit dem Rückstreukoeffizineten steht (s. z.B. [19]). Abb. 5b zeigt, daß dieses Verhältnis kaum von der Kernladungszahl und wenig von der Primärenergie abhängt und gemäß Abb. 4 reduzierte Diffusionstiefen repräsentiert, für die mindestens 90% aller Elektronen in den Diffusionszustand gelangt sind.

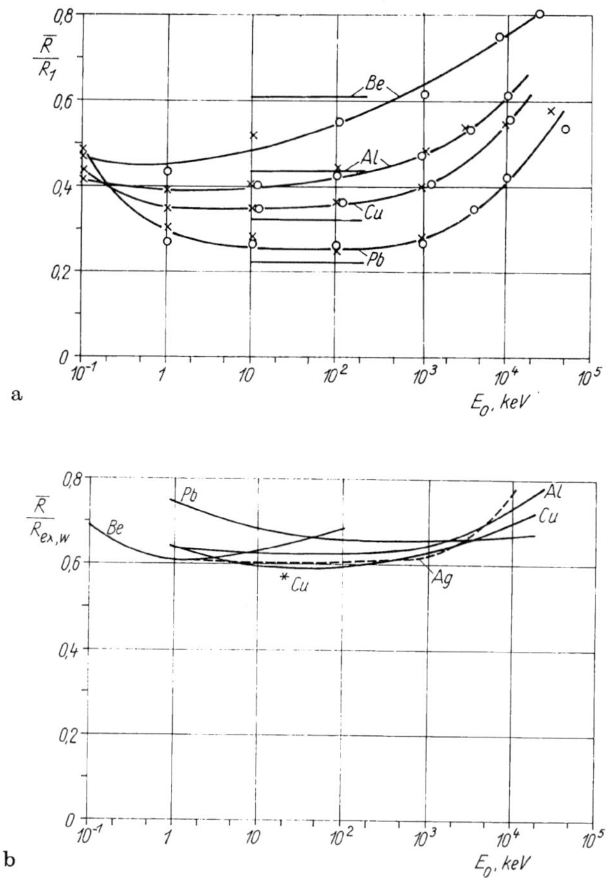

Abb. 5. Energieabhängigkeit der mittleren Reichweite bei Bezug auf
a) die quasi-maximale Reichweite R_1 berechnet für die Transmissionskurven-Anpassung nach *Machov* Gl. 3 der Tab. 2, o — mit $p(E_0,Z)$ nach [21]; x — mit $p(\approx 1{,}0\ P_s^{-0,39})$ nach [19], (P_s: Sättigungsrückstreukoeffizient): aus der Transmissionskurven-Anpassung nach dem Modell von *Kanaya* und *Okayama* [20] (1972) durch Umrechnung von Gl. 1 der Tab. 2 auf $\bar{R}/R_{max}$ gemäß $\bar{R} = R_{0,37}\,\Gamma(1 + 1/p)$ eingetragen für 10 bis 200 keV
b) die extrapolierte Reichweite $R_{ex,w}$: durch Umrechnung der Kurven der Abb. 5a

Andere Autoren empfehlen R_h[12] oder R_{37}[20][1]). Aus der *Machov*-Darstellung entnimmt man folgende Relationen:

$$R_h = 0{,}7^{1/p}\,R_{37}\,, \qquad \bar{R} = \Gamma(1 + 1/p)\,R_{37} < R_{37}$$

Das heißt, für große Z ($p > 1$) gilt (wegen $\Gamma(2) = 1$)

$$R_h = 0{,}7\,R_{37} < \bar{R} \approx R_{37}$$

Für mittlere Z ($p \approx 1, 3 \ldots 5$) gilt (wegen $\Gamma = 0{,}9 \pm 0{,}02$)

$$R_h \approx (0{,}8 \pm 0{,}08)\,R_{37}\,,$$

$$\bar{R} = (0{,}9 \pm 0{,}02)\,R_{37} < R_{37}$$

Für kleine Z ($p > 4$) gilt (wegen $\Gamma(1) \approx 1$ und $0{,}7^{1/p} \to 1$) innerhalb von 5% Genauigkeit

$$R_h \approx \bar{R} \approx R_{37}$$

R_{37} ist somit im allgemeinen noch größer (maximal bis 12%) als $\bar{R}$ und daher noch weniger als Diffusionstiefe geeignet als $\bar{R}$.

R_h ist gerade für große Z bis 20% kleiner als $\bar{R}$ und wird für kleine Z gleich $\bar{R}$; R_h liefert für alle Z einheitlicher als $\bar{R}$ etwa eine 90%- bis 95%-Diffusionstiefe.

[1]) R_{37} = 37% Reichweite, R_1 = 1% Reichweite usw.

4.2. *Energieabhängigkeit der mittleren Eindringtiefe*

4.2.1. Mittlere Eindringtiefe nach der Kurvenanalyse von Machov. Unter Benutzung der Transmissionskurvendarstellung von *Machov* (Gleichung 4) läßt sich die Energieabhängigkeit der reduzierten mittleren Eindringtiefe aus der Energieabhängigkeit des Kurvenformparameters $p(E_0, Z)$ [19, 21] herleiten. Es tritt nur dort eine Energieabhängigkeit von $\bar{R}$, also der Diffusionstiefe, auf, wo der Parameter $p(E_0, Z)$ energieabhängig ist.

Die in Abb. 5a eingetragenen Kurven $\bar{R}/R_1$ weisen daher ein prinzipiell ähnliches Verhalten wie die Funktion $p(E_0, Z)$ auf. Ausgehend von sehr großen Primärenergien E_0 erfolgt mit fallender Primärenergie ein Einmünden in einen etwa konstanten Wert, der sich bis zu sehr kleinen E_0 erstreckt, ein Verlauf, der recht gut der theoretischen Vorhersage für die reduzierte Diffusionsweglänge $s_D(\chi = 1)/\bar{L}$ entspricht.

Beim Übergang von der quasi-maximalen Reichweite R_1 auf die extrapolierte Reichweite $R_{ex,w}$ als Bezugsreichweite ergeben sich die Kurven der Abb. 5b. $\bar{R}/R_{ex,w}$-Kurven weisen nur eine geringe Spreizung für unterschiedliche Kernladungszahlen auf, weil $R_{ex,w}$ eine starke und zu $\bar{R}$ gleichsinnige hat. $R_{ex,w}$ stellt mindestens eine 99%-Diffusionstiefe dar. Ein Vergleich der Z-Abhängigkeiten von Reichweiten unterschiedlicher Definition wird an anderer Stelle gegeben [22].

4.2.2. Diffusionstiefe nach dem Modell von Kanaya und Okayama. Kanaya und *Okayama* [20] leiten für die Diffusionstiefe einen Ausdruck aus einem Einzelstreuansatz mit abgeschirmten Streuquerschnitt auf der Grundlage des *Lindhard*-Potentials ab [23, 24] indem sie diejenige Dicke aus einer Transmissionskurve ablesen, für die die Anfangsintensität auf $1/e$ abgefallen ist. In ihrer Theorie treten insgesamt drei freie Parameter auf, die unter anderem an experimentelle Ergebnisse von *Cosslett* und *Thomas* [12] angepaßt werden. Es wird außerdem die Gültigkeit eines einfachen exponentiellen Transmissionsgesetzes vorausgesetzt. Eine explizite Energieabhängiekeit fällt für das gesamte betrachtete Energiegebiet von etwa 3 bis 300 keV heraus, so daß die reduzierten Diffusionstiefen x_D/R_{max} nicht energieabhängig sind. Die Zahlenwerte sollten aufgrund der zugrunde gelegten Meßwerte mindestens zwischen 5 und 30 keV, vermutlich auch drüber hinaus bis zu einigen Hundert keV, gültig sein; sie sind in Abb. 5a nach Umrechnung von $\bar{R}/R_1$ zwischen 10 und 200 keV eingetragen. Sie zeigen erwartungsgemäß eine befriedigende Übereinstimmung mit den aus der Machov-Darstellung der Transmissionskurven abgeleiteten Kurven, da beide Ergebnisse durch Anpassung an experimentelle Transmissionskurven gewonnen wurden.

4.3. *Energieabhängigkeit empirischer Diffusionstiefen*

In den Abb. 2b und 4a, b sind experimentelle Werte eingetragen, die von unterschiedlichen Autoren nach unterschiedlichen Kriterien bestimmt wurden (s. Tab. 2). Die für 4 bis 30 MeV eingezeichneten Punkte zeigen in ihrer Energieabhängigkeit sämtlich die gleiche Tendenz, ihre, Absolutwerte unterscheiden sich aber teilweise erheblich, was vorwiegend auf die beträchtlichen Bestimmungsfehler (mindestens $\pm$ 20%) infolge des nur langsamen Einmündens der Θ_w (ϱx)-Kurven in einen Sättigungswert zurückzuführen ist (s. u.).

Der beobachtete Anstieg ist eine Folge der abnehmenden Bremswahrscheinlichkeit (vgl. [2]). Er ist steiler als der auf der Grundlage der theoretischen Transportweglänge

Tab. 2. Formelzusammenstellung für reduzierte Diffusionslängen bzw. -tiefen

Nr.	Autor	Jahr	Formel	Energiebereich E_0, MeV	Zahlenwerte Tab. 3, Spalte Nr.	Bemerkung
1	*Kanaya Okayama* [20]	1972	$\frac{R_{37}}{R_{max}} = \frac{1}{1+\gamma}, \ \gamma = 0{,}187 \cdot Z^{2/3}$	0,01 ... 0,03	3	aus $T(x_D) = 1/e$
2	*Bishop* [16]	1965	$\frac{\bar{R}}{\bar{L}} = a_2(Z, E_0, \eta = 90°) \cdot \frac{8}{Z+8}$	um 0,03		$a_{2\pi}(\mathrm{Cu}) = 1{,}5$ $a_{2\pi} = 1$: *Tomlin* 1963 [27]
3	*Fitting* [19]	1974	$\frac{\bar{R}}{R_1} = \frac{\Gamma\left(1 + \frac{1}{p}\right)}{(4{,}6)^{1/p(Z)}}$	<1	4	
4	—	—	$\frac{R_{37}}{R_1} = \frac{1}{(4{,}6)^{1/p(Z)}}$	<1	5	aus $T(x_D) = 1/e$, *Machov*-Formalismus
5	*Harder, Poschet* [10]	1967	$\frac{\lambda_T}{\bar{L}} = \left[1 + 0{,}76 \frac{Z}{(E_0/m_0c^2)}\right]^{-1}$	$E_0 \gg m_0c^2$ 5 ... 30	(Abb. 2a)	$\lambda_T \approx s_D$
6	*Tabata* [25]	1967	$45° = \Theta_w = 0{,}833 \sqrt{B(Z) - 1{,}2}\ \Theta_1(s_{D,t})$ $\Theta_1(s_{D,t}) = \frac{22{,}9\ \mathrm{MeV}}{pv} \sqrt{\frac{Z(Z+1) \cdot \varrho\, s_{D,t}}{A}}$	4 ... 15	7	s. [2] Gl. (10.2-18)
7	*Klein* [26]	1966	$\frac{s_D}{\bar{L}} = \frac{4}{Z+4}$	0,01 ... 0,05		PQDM, [2], $\frac{\bar{E}_r}{E_0}$ expon. abfallende Energieabgabe

Tab. 3. Gegenüberstellung von Zahlenwerten für reduzierte Diffusionstiefen unterschiedlicher Definitionen

	(1a)	(1b)	(2a)	(2b)	(2c)[2]	(3)	(4)[3]	(5)	(6)			(7)			(8)	(9)	(10)[4]
	nach num. Werten für $\varrho\lambda_T$ von [11][1]		Gl. (3) für $\chi = 1$	$\frac{7}{Z+7}$		*Kanaya* u. a. [20]	*Fitting* [19]	[29]	*Tabata* u. a. [25]						*Bishop* [16]	*Murata* [30]	*Werner* [14]
Z	$s_D/\overline{L}$	x_D/R_{ex}	$s_D/\overline{L}$	$\overline{s}/\overline{L}$	$\overline{s}/R_{ex}$	R_{37}/R_{max}	$\overline{R}/R_1$	R_{37}/R_1	$x_{D,r}/R_{ex}$			$s_{D,t}/R_{ex}$			$\overline{R}/\overline{L}$	$x_D/\overline{L}$	x_D/R_{ex}
6	0,54	(0,55)	0,63	0,54	0,57	0,62	0,63	0,70	—	—	—					—	0,62
13	0,38	0,42	0,39	0,35	0,39	0,49	0,45	0,51	—	—	—					0,43	0,44
29	0,20	0,30	0,21	0,19	0,28	0,34	0,36	0,41	0,30	0,44	0,62	0,46	0,82	(1,09)	0,55	0,30	0,30
47,50	0,12	0,13	0,11	0,12	0,23	0,28	0,32	0,36	0,20	0,38	0,51	0,22	0,60	(1,05)		—	0,24
79,82	0,08	0,20	0,08	0,08	0,21	0,22	0,27	0,31	0,10	0,24	0,37	0,14	0,42	0,75		0,20	0,21
E_0, keV	50	100	5 … 1000			50	50 … 1000		4	10	15	4	10	15	29	20	50
									$\cdot 10^3$			$\cdot 10^3$					
nach Tab. 2 Formelnr.						(1)	(3)	(4)				(6)			(2)		

1) s. a. [2], Tab. 11.2-2 Abb. 11.2-1
2) aus Spalte (2b) umgerechnet mit $\overline{L}/R_{ex} = 1 + Z/40$ (s. [2], S. 170)
3) mit $p(Z)$-Werten für $0{,}05\ \text{MeV} \leq E_0 \leq 1\ \text{MeV}$
4) aus $s_D/\overline{L}$ nach [14] mit $U = 1{,}37$, $\overline{L}/R_{ex} = 1 + Z/40$

gemäß Gleichung 5 der Tab. 3 (nach Umrechnung von $s_D/\overline{L}$ auf x_D/R_{ex}) vorhergesagte Anstieg, aber weniger steil als gemäß Gleichung 6, Tab. 3, weil diese nicht auf so große Dicken anwendbar ist.

Für 5 bis 20 keV sind die (bereits in Abb. 11.2-1 [2] gezeigten, hier aber auf x_D/R_{ex} umgerechneten, vgl. Fußnote 2 der Tab. 2) Ergebnisse von *Cosslett* und *Thomas* [12], die einen Anstieg der reduzierten Diffusionstiefe zu kleinen Primärenergien hin aufweisen, eingetragen (Fehlerangaben der Autoren für $x_D/R_{\overline{E}} = 0$: $\pm 0{,}1$). Ein solcher Anstieg ist theoretisch bisher nicht erklärbar, er tritt bei den aus Transmissionskurven — also allerdings auch mit anderen Kriterien — abgeleiteten Diffusionstiefen nicht auf und steht mit den Verläufen von Transmissionskurven und Rückstreuenergieverteilungen nur teilweise in Einklang. In ihrer absoluten Größe ordnen sich die Angaben für 20 keV in die allgemeine Tendenz ein (vgl. Abb. 2b, 4a, b); im Gebiet unterhalb 20 keV wären weitere Experimente wünschenswert.

In diesem Energiebereich ist aus den Messungen von *Jahrreiss* und *Oppel* [27] zum Verlauf der Transmissions-Winkelverteilungen die Gewinnung zweier weiterer Diffusionstiefen möglich. Bei dem Versuch ihrer Bestimmung wird die ganze Problematik deutlich. Eine Konstanz der Verteilungsform — beschrieben durch das Verhältnis der Achsenlängen des Polardiagramms a/b — wird für Gold in guter Näherung bei 10 keV entsprechend $x_D/R_{ex} = 0{,}33$, das ist nach Abb. 4b eine 85%-Diffusionstiefe, erreicht; bis herab zu 6 keV ist noch ein allmählich im Meßfehler untergehender Abfall des a/b-Wertes möglich, der auf $x_D/R_{ex} = 0{,}66$ (eine 99%-Diffusionstiefe) führen würde. Bei Aluminium wird eine Konstanz der Verteilungsbreite erst unterhalb 2 keV, das heißt für $x_D/R_{ex} > 1$, also erst nach Durchlaufen der extrapolierten Reichweite, erreicht. Ersatzweise könnte man den bei 4 keV auftretenden ‚Knickpunkt' der Aluminium-Kurve, der etwa 20% oberhalb des Sättigungswertes von a/b liegt, als ‚mittlere' Diffusionstiefe ansprechen; man erhält dafür $x_D/R_{ex} = 0{,}42$, nach Abb. 4b eine 60%-Diffusionstiefe; bei 3 keV ergibt sich mit 0,62 eine 85%-Diffusionstiefe. Der analoge Knickpunkt für Gold liegt oberhalb des untersuchten Energiebereichs; setzt man ihne versuchsweise bei 16 keV an, so ergibt sich mit $x_D/R_{ex} \approx 0{,}2$ ein Wert, der sowohl gut mit dem Wert von *Cosslett* und *Thomas* bei 20 keV als auch mit dem aus der Theorie umgerechneten $x_{D,50}$-Wert korrespondiert. Weitere Untersuchungen dieser Art für andere Elemente und andere Dicken wären wünschenswert.

Bei einer solchen Auswertung von Winkelverteilungen, die hinter einer Folie fester Dicke durch Variation der Primärenergie gewonnen wurden, erhält man mit fallender Energie einen scheinbaren Anstieg der Diffusionstiefe; tatsächlich wird offenbar lediglich der Bruchteil der Primärelektronen, der in den Diffusions-Zustand übergegangen ist, größer, d. h., es liegt bei kleineren E_0 ein größeres Perzentil vor. Es ist nicht auszuschließen, daß der von *Cosslett* und *Thomas* angegebene Anstieg der Diffusionstiefe für fallende Primärenergie nicht ebenfalls in der Auswertung und dem Vergleich unterschiedlicher perzentiler Diffusionstiefe begründet liegt.

5. Schlußfolgerung

Das vorgeschlagene Konzept der perzentilen Diffusionstiefen ermöglicht im Rahmen der Genauigkeit der zugrunde liegenden kontinuierlichen Diffusionsmodells der Theorie von *Bothe* sowie des Umwegfaktormodells nach Umrechnung der theoretischen Diffusionslängen in praktische

Tab. 4. Legende zu den Abbildungen 2: Experimentelle Werte für Tiefen der vollständigen Diffusion

Autor	E_0	Z	Kriterium	Bemerkung	Zeichen	in Abb. Nr.
	[keV]:					
Fitting [19]	0,1 ... 100	4, 13, 29, 79	$\bar{R}/R_1$	Gl. 3, Tab. 2	–x○–	5a, b
Fitting u. a. [31]	2 ... 10	4, 13, 29, 79	$\bar{R}/R_1$	exper. Mittelwerte	—	5a, (b)
Oppel	1 ... 6	13	x_D/R_1	aus $x_D = x(a/b)$	● ○	2b; 4a, b
Jahrreiss [27]	6 ... 16	79				
Hawryluk u. a. [8]	5 ... 20	(6), 14, 29, 79	MC	$s_D(\chi = 1)/\bar{L}$	●	2a
Cosslett, Thomas [12]	5 ... 20	13, 29, 47, 79	1	rel. Fehler: ±10% ... 15%²)	C	2b, 4a, b
Kanter [32]	5 ... 10	6, 13, 28, 47, 29	1	$\Theta_w(E_0/E_c, x = \text{const})$ Kurven, nicht quantitativ auswertbar		
Murata [30]	20	13, 29, 79	MC		▲	2b, 4a, b
Cosslett u. *Thomas* [12] [40]	20	13, 29, 47, 79	1, 2, 3, 4	Mittelwerte	[C]	2b; 4a, b
Bishop [16]	29	29	MC	$\bar{R}/\bar{L} \rightarrow \bar{R}/\bar{R}_{ex} = 1{,}7\ \bar{R}/\bar{L}^*$		5b
Kanaya, Okayama [20]	50 (10 ... 200)	6, 13, 29, 50, 82	2	$s_D/\bar{L}$ mit *Lindhard*-potential, halbemp.		5a
	[MeV]:					
Frank [15]	1,75	13, 29, 82	$x(\Theta_h = 45°)$	exper.	F	2b; 4a, b
Singh [33]	2, 43	14	1	exper.	S	2b; 4a,
Tabata [25]	3,2, ... 14,1	29, 47, 79	1	$(x_D/R^*_{ex}) \cdot (R^*_{ex}/R_{ex})^3)$	π	2b; 4b
Tabata u.a. [34]	3,2 ... 14,1	13, 29, 47, 79	2	$(x/R^*_{ex})\ R^*_{ex}/R_{ex})^3)$ aus Rückstreu-Winkelvertlg.	T	2b; 4a
Roos, Schulz, Harder [35]	5, 10, 20	13, 29, 48, 82	1	exper.	H	2b; 4a, b
Kovalev u. a. [36]	12,8 ... 25	29, 48, 74	1	extrapoliert	K	2b, 4b

¹) Kriterien: 1: $\Theta_h(x_D)$ = Maximum, 2: $T(x_D) = 1/e$, 3,4: s. [1] S. 170/ 171.

²) Bei 5 bis 15 keV sind die Originalangaben $x_D/R_{\bar{E}=0}$ (eingetragen in [2] Abb. 11. 2-1) nach Umrechnung auf x_D/R_c, ($R_c \approx R_{ex}$) eingetragen.
Bei 20 keV sind die durch R_{ex} divierten x_D-Originalwerte sowie die entsprechend behandelten Mittelwerte für die Kriterien 1 bis 4 angegeben.

³) Nach Korrektur der in [25] angegebenen fehlerhaften R_{ex}-Werte gemäß [39]

Diffusionstiefen eine Bewertung der nach unterschiedlichen Kriterien bestimmten experimentellen Diffusionstiefen. Danach liefern Grenzwertkriterien, wie die Konstanz der Breite der Transmissionswinkelverteilungen, Diffusionstiefen die erwartungsgemäß einem großen Perzentil entsprechen, d. h. einen großen Prozentsatz von Elektronen, die in dieser Diffusionstiefe in einen diffusionsartigen Ausbreitungszustand übergegangen sind. Andere Kriterien liefern im allgemeinen kleinere Perzentile der Diffusionstiefe. Bei Benutzung von Diffusionstiefen in theoretischen Modellen u. ä. müssen derartige Unterschiede berücksichtigt werden!

Eingegangen am 25. 6. 1980

Literatur

[1] *H. A. Bethe, M. E. Rose, L. P. Smith*, Proc. Amer. Philos. Soc. **78** (1938) 573

[2] *H.-W. Thümmel*, Durchgang von Elektronen- und Betastrahlung durch Materieschichten, Akademie-Verlag Berlin 1974

[3] *G. D. Archard*, J. appl. Physis **32** (1961) 1505

[4] *W. Bothe*, Z. Physik **54** (1929) 161

[5] *W. Bothe*, Ann. Physik **6** (1949) 6, 44

[6] *H. H. Seltzer, M. J. Berger*, Nucl. Instrum. Methods. **119** (1974) 157

[7] *G. Dupouy, F. Perrier, P. Verdier, F. Arnal*, C. R. Acad. Sci. (Paris) **258** (1964) 3565

[8] *R. J. Hawryluk, A. M. Hawryluk, H. J. Smith*, J. appl. Physics **45** (1974) 2551

[9] *H.-W. Thümmel*, Z. Physik **198** (1967) 263

[10] *D. Harder, G. Poschet*, Physics Letters **24B** (1967) 519

[11] *H. Meister*, Z. Naturforsch. **13a** (1958) 809

[12] *V. E. Cosslett, R. N. Thomas*, Brit. J. appl. Physics **15** (1964) 883

[13] *T. Tabata, R. Ito, S. Okabe*, Nucl. Instrum. Methods **103** (1972) 85

[14] *U. Werner*, Theor. u. experim. Untersuchungen zur Elektronen-Rückstreuung am Festkörper, Dissertation Halle 1978

[15] *H. Frank*, Z. Naturforsch. **14a** (1959) 247

[16] *H. E. Bishop*, Proc. Physic. Soc. (London) **85** (1965) 855

[17] *A. F. Machov*, Fizika tverdoga tela **2** (1960) 2161

[18] *A. Ja. Vjastkin, L. N. Piljankevic*, Fizika tverdogo tela **8** (1966) 2751

[19] *H.-J. Fitting*, Physica status solidi (a) **26** (1974) 525

[20] *K. Kanaya, S. Okayama*, J. Phys. D **5** (1972) 43

[21] *H.-W. Thümmel*, (unveröffentlicht)

[22] *H.-W. Thümmel*, (in Vorbereitung)

[23] *J. Lindhard, V. Nielsen, M. Scharff, P. V. Thomsen*, Mat. Fys. Medd. Da. Vid. Selsk. **33** (1963), No. 10, 42 p

[24] *J. Lindhard, M. Scharff, H. E. Schitt*, Mat. Fyz. Medd. Dan. Vid. Selsk. **33** (1963) **33**, 42 p

[25] *T. Tabata, R. Ito, S. Okabe*, Annual Rep. Radiat. Center Osaka Prefect. **8** (1967) 60

[26] *C. A. Klein*, Appl. Opt. **5** (1966) 1922; *C. A. Klein*, in: Physics of quantum electrodynamics (Ed. *L. P. Kelley B. Lax P. E. Tannenwald*) McGraw-Hill Book Comp. 1966, S. 424

[27] *W. Oppel, H. Jahrreiss*, Z. Physik **252** (1972) 107

[28] *S. G. Tomlin*, Proc. Physic. Soc. (London) **82** (1963) 465

[29] *H.-J. Fitting*, J. Phys. D: Appl. Phys. **8** (1975) 1480

[30] *K. Murata*, J. Appl. Physics **45** (1974) 9, 4110

[31] *J.-H. Fitting*, u. a., J. Phys. D: Appl. Phys. **9** (1976) 2499

[32] *H. Kanter*, Phys. Rev. **121** (1961) 681

[33] *Jag. J. Singh*, (N-69-19113) Feb. 1969, 41 p. (NASA-TN-D-5075) COST

[34] *T. Tabata*, Physic. Rev. **162**, (Okt. 1967) 336

[35] *H. Roos, H. J. Schulz, D. Harder*, Proc. 5th Internat. Betatron Symposium, Bukarest 1971, (hrsg. von *S. Titeica, G. Baciu*) Bukarest 1973

[36] *V. P. Kovalev*, u. a.,: Atomnaja Energija **33** (1972) 932

[37] *L. Katz, A. S. Penfold*, Revs. mod. Physics **24** (1952) 28

[38] *H.-W. Thümmel*, Nukleonik **6** (1964) 65

[39] *T. Tabata* u. a., Jap. J. appl. Physics **8** (1969) 3, 393

[40] *V. E. Cosslett*, Brit. J. appl. Physics **15** (1964) 107

Anwendung von Rechnerschaltkreisen für eine on-line-gekoppelte Datenauswertung

W. Riedel, D. Müller, P. Morgenstern

(Zentralinstitut für Isotopen- und Strahlenforschung der AdW der DDR)[1]

Herrn Prof. Dr. phil. habil. *C. F. Weiss* zum 80. Geburtstag gewidmet

Es wird ein unter Verwendung von Rechnerschaltkreisen aufgebauter programmierbarer Kleinstrechner beschrieben, der insbesondere wegen seiner problemlosen Programmierung überall dort Anwendung finden kann, wo Zählraten mit einfachen mathematischen Verknüpfungen und ohne Rückgriff auf umfangreiche Datenspeicher zu verarbeiten sind und der Einsatz von Mikroprozessoren aus ökonomischen Gründen nicht gerechtfertigt ist. Eine Start/Stop-Steuerung gemäß Interface SI 1.2 mit dem vorgeschalteten Zählgerät sowie das Ausdrucken der Rechenergebnisse sind möglich.

Keywords

computer codes; computers; counting ratemeters; data processing; electronic circuits; programming

1. Einleitende Bemerkungen

Bei der Steigerung der Arbeitsproduktivität der Volkswirtschaft ist zweifellos die Bereitstellung moderner elektronischer Bauelemente von überragender Bedeutung. In erster Linie ist dabei an die Entwicklung von informationsverarbeitenden Moduln zu denken, deren Einsatz überall dort sinnvoll erscheint, wo bereits digitale Meßsignale vorliegen oder mittels A-D-Wandler gebildet werden können und deren Verarbeitung mit Hilfe mathematischer Methoden erfolgen muß bzw. wo diese Signale direkt zur Prozeßsteuerung dienen. Hierbei ist an den Einsatz von Mikroprozessoren zu denken, deren Einzug in die Elektronik weltweit begonnen hat. Allerdings kann man häufig den Eindruck gewinnen, daß ein solcher Einsatz von Mikroprozessoren zur Prestigefrage geworden ist und die Möglichkeiten anderer, z. T. erheblich einfacherer digitaler Datenverarbeitungsverfahren von vornherein als „unmodern" oder gar veraltet verworfen werden. Während die Anwendung von Mikroprozessoren vorwiegend auf dem Gebiet der Prozeßsteuerung liegt — für mathematische Verknüpfungen ist ein erheblicher Aufwand an Software notwendig —, ist für eine große Anzahl von Auswerteproblemen der Rechnerschaltkreis, der im Prinzip einen Mikroprozessor mit einem in einem ROM gespeicherten Rechenprogrammvorrat darstellt, ein nahezu universelles Bauelement. Der dem Rechnerschaltkreis anhaftende Nachteil des begrenzten und nicht aufrüstbaren Datenspeichers kann überall dort in Kauf genommen werden, wo es vorwiegend auf die Verknüpfung von Meßwerten (z.B. Impulszählerinhalten) sowohl mit linearen als auch mit nichtlinearen Rechenoperationen ankommt und kein Rückgriff auf bereits vorher erhaltene Rechenergebnisse notwendig ist. Mit einer Datenauswertung der skizzierten Art, für die Mikroprozessorsysteme selbst mit der minimal notwendigen Peripherie noch überdimensioniert erscheinen, eröffnet sich somit für den Rechnerschaltkreis ein breites Anwendungsfeld, zumal der Aufwand auf die Rechnereinheit, die zwischen die für die anstehende Meßaufgabe zumeist ohnehin vorhandenen Zähler und Meßwertdrucker einzufügen ist, begrenzt bleibt.

Im folgenden wird ein Gerät vorgestellt, das einen mit Hilfe von Rechnerschaltkreisen und Bauelementen aus DDR-Produktion bzw. -Handelssortiment gefertigten, online-koppelbaren und in gewissen Grenzen frei programmierbaren Rechnerbaustein darstellt, der in seiner einfachen Bedienbarkeit und problemlosen Programmierung ein Minimum an Aufwand erfordert. Mit der Entwicklung dieses Bausteins wurde das Ziel verfolgt, im BCD-Code vorliegende Zählergebnisse zu übernehmen und anhand eines leicht aufzustellenden Rechenprogramms sowohl untereinander (zwei oder mehr Zähler) als auch mit wählbaren Konstanten entsprechend den Möglichkeiten des Rechnerschaltkreises bezüglich der vorhandenen Rechenoperationen mathematisch zu verknüpfen. Das erhaltene Ergebnis wird angezeigt und kann über ein Druckerinterface ausgegeben werden.

Im vorliegenden Fall wurde der Rechnerschaltkreis des Taschenrechnertypes ELKA 135 verwendet, und sämtliche dort vorhandenen Rechenoperationen stehen prinzipiell zur Verfügung.

2. Beschreibung des Gerätes

Aus Abb. 1 ist der prinzipielle Aufbau des Kleinstrechners und dessen als „automatisch betriebener Taschenrechner" zu charakterisierende Wirkungsweise erkennbar. Die wichtigsten Baugruppen wie Ablaufsteuerung, Rechenteil mit Anzeige, Druckerinterface und Stromversorgung finden in einem Normgehäuse der Größe 360 mm × 160 mm × 300 mm Platz. Es besteht aber auch die Möglichkeit, den Kleinstrechner als Einschub im Analysen- und Strahlungsmeßgerät vom VEB Robotron Meßelektronik „Otto Schön" Dresden zu verwenden, wobei dann die Stromversorgung vom zentralen Netzteil übernommen wird. Die Informationsübernahme von den Zählern zum Kleinstrechner erfolgt mittels der handelsüblichen Druckerkabel.

Im folgenden wird die Funktionsweise der einzelnen Baugruppen beschrieben.

2.1. *Ablaufsteuerung*

Diese als Leiterplatte ausgeführte Baugruppe enthält neben der Start/Stop-Steuerung für das Zusammenwirken des

[1]) Anschrift: 7050 Leipzig, Permoserstr. 15

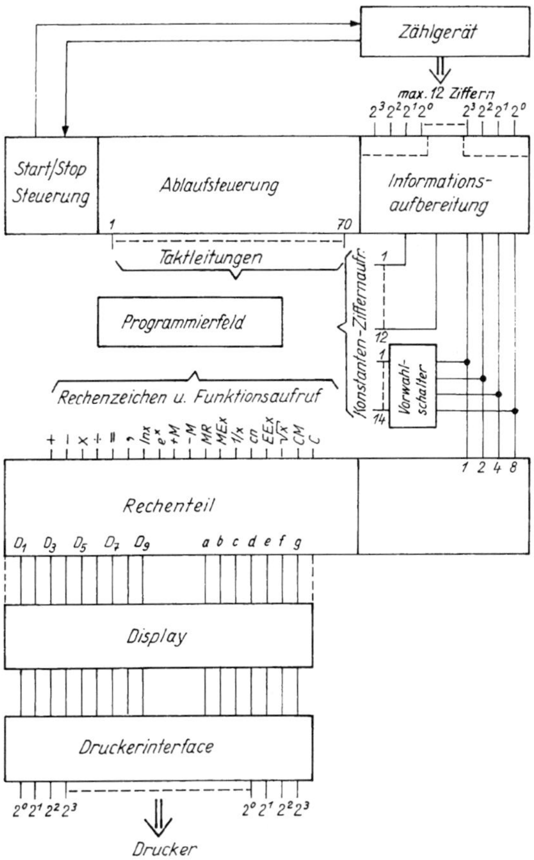

Abb. 1. Prinzipieller Aufbau des Kleinstrechners

Kleinstrechners mit den angeschlossenen Zählern und einer Schaltung für den taktgesteuerten Abruf jeder einzelnen der maximal 12 übertragbaren Ziffern mittels „UND"-verknüpfter Netzwerke noch ein Schieberegister [1, 2] mit Taktgenerator. Die 71 Ausgänge dieses Schieberegisters, die zunächst auf Low-Potential liegen, werden nach Auslösung des Kleinstrechners durch Hand oder durch den Stop-Impuls des angeschlossenen Zählers nacheinander für ca. 0,5 sec. auf High-Pegel gelegt. Jede der aktivierten Taktleitungen kann entsprechend der im Programm vereinbarten Festlegung (s. 2.2.) die Übernahme einer Ziffer von einem angeschlossenen Zähler bzw. einer Ziffer aus dem Konstantenspeicher (Vorwahlschalter) ins Arbeitsregister des Rechnerschaltkreises bewirken, eines der Rechenzeichen $+$; $-$; $\times$; $\div$, das Komma oder eine der Funktionen e^x; ln x; $+$M; $-$M; MR; MEx; 1/x; $\sqrt{x}$; EEx/cn, π aufrufen. Die Berechnung der Winkelfunktionen wurde im vorliegenden Gerät nicht vorgesehen, sie ist im Bedarfsfall ebenfalls realisierbar.

2.2. *Programmstecker und Konstantenvorwahl*

Die bereits erwähnte einfach zu realisierende Programmierung des Kleinstrechners erfolgt mit Hilfe von zwei austauschbaren 90poligen Steckerleisten. Während die Kontakte der einen Steckerleiste Bu 1 mit den 71 Taktleitungen verbunden sind, wurden auf der anderen (Bu 2) neben den vier Grundrechenarten, der Speicher-, Lösch-, Komma- und Gleichheitszeichenaufruf sowie die Leitungen für den Übertrag der Zähldekaden 1 bis 12 und der vorgewählten Ziffern der Konstantenwahlschalter angeordnet (s. Abb. 2). Die Programmierung erfolgt in der Weise, daß der zur Lösung der Aufgabe erarbeitete Algorithmus durch Lötverbindungen zwischen jeweils einer Taktleitung von Bu 1 und dem Anschluß der gewünschten Funktion an Bu 2 hergestellt wird. Hierbei ist zu beachten, daß jede Taktleitung nur einmal verschaltet werden darf, hingegen dürfen die Rechen- und Funktionsleitungen von Bu 2 beliebig oft mit verschiedenen Taktleitungen verbunden werden. Ein Programmwechsel kann durch Austausch des Programmsteckerpaares Bu 1 und Bu 2 mit entsprechend anderer Verdrahtung erfolgen. Der Vorrat von z. Zt. 14 Ziffern kann zur Bereitstellung von Konstanten bezüglich deren Anzahl und Zahl der Ziffern beliebig aufgeteilt werden. Eine Erweiterung des Ziffernvorrates ist durch Hinzufügung weiterer Vorwahlschalter leicht möglich.

2.3. *Rechenteil*

Diese Baugruppe enthält den Rechnerschaltkreis, das Display sowie 28 Pegelwandler in Form von Optokopplern. Die Pegelwandler sind notwendig, da sowohl die Informationen von den Zählern als auch das bereits erwähnte Schieberegister für die Taktaufbereitung in TTL-Technik vorliegen, der Rechnerschaltkreis jedoch MOS-Struktur besitzt. Die Anwendung von Optokopplern zur Pegelumsetzung stellt ein relativ einfaches Bindeglied zwischen TTL- und MOS-Technik dar und gestattet die problemlose Ankopplung auch anderer Rechnerschaltkreise, die mit den verschiedensten Betriebsspannungen arbeiten. Außerdem trägt die galvanische Trennung von Informationsaufbereitung und -verarbeitung erheblich zur Störsicherheit bei [3, 4]. In Abb. 3 ist die prinzipielle Arbeitsweise des Rechners dargestellt. Die Zählerinhalte, die in BCD-codierter Form vorliegen, gelangen parallel über Kabel zum Eingang der Informationseingabe. Im Programm sei nun zunächst die Übernahme eines Zählerstandes in den Arbeitsspeicher des Rechnerschaltkreises dadurch vereinbart, daß eine Lötverbindung zwischen der 1. Taktleitung und der

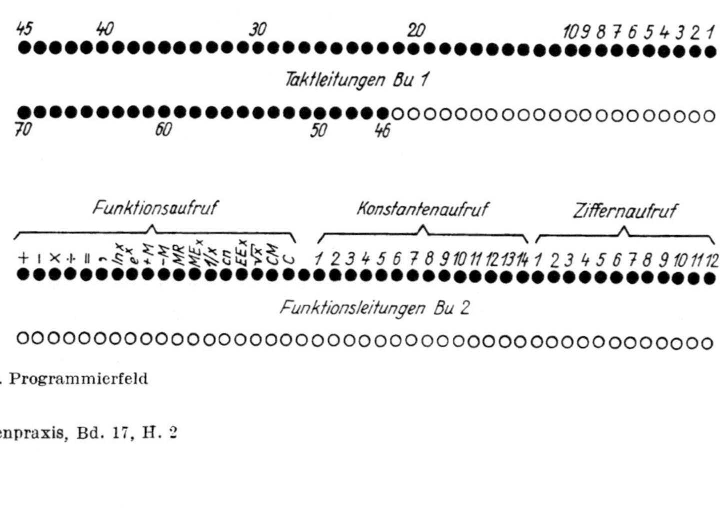

Abb. 2. Programmierfeld

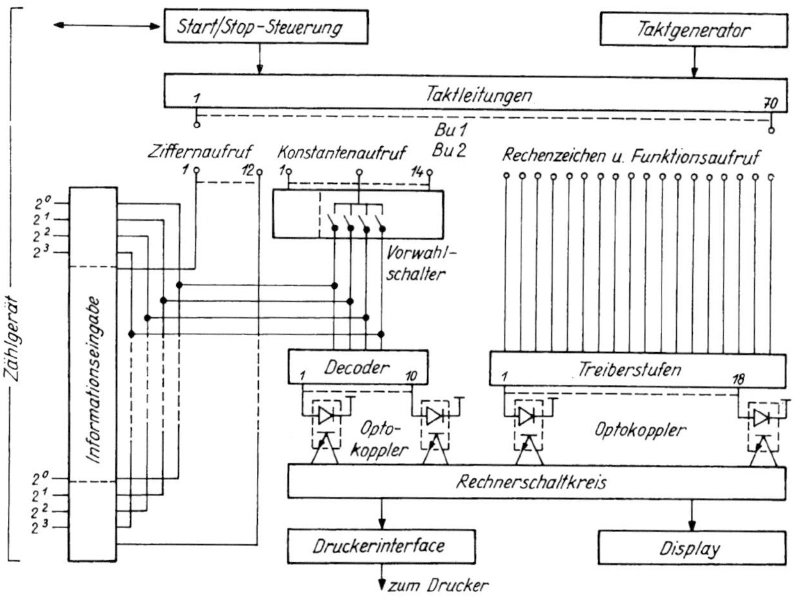

Abb. 3. Blockschaltbild des Kleinstrechners

1. Ziffer, der 2. Taktleitung und der 2. Ziffer usw. hergestellt wurde. Die Übertragung dieser Ziffern vom Zähler erfolgt nun nacheinander über die Informationseingabe zum Decoder und mittels Optokoppler in den Arbeitsspeicher, wobei jeweils der folgende Taktimpuls die nächste Taktleitung aktiviert (H-Pegel). Auf diese Weise können maximal 8 Stellen des Zählers entsprechend der Speicherkapazität des Rechnerschaltkreises übertragen werden. Der 9. Takt muß dann ein Rechenzeichen aufrufen bzw. eine Speicherung in den internen Speicher des Rechnerschaltkreises bewirken. Erst danach könnten weitere Ziffern übernommen werden. Nach einer programmgemäßen mathematischen Verknüpfung mit den vorgewählten Konstanten bzw. mit nunmehr nachfolgend übernommenen Ziffern eines anderen Zählers und Erhalt des Rechenergebnisses erfolgt die manuelle Registrierung vom Display bzw. der Ausdruck.

Ein sich anschließender Start der angeschlossenen Zähler kann im Programm vereinbart werden.

2.4. *Druckerinterface*

Da die Ziffernndarstellung im Display multiplex im Siebensegment-Code erfolgt, ist für die Gewinnung eines systemgerechten Drucksignals eine relativ aufwendige Umcodierung notwendig. Durch geeignete „UND"-Verknüpfungen erhält man zunächst die multiplexen BCD-codierten Ziffernsignale, die nunmehr auf die Paralleleingänge von 4 dekadischen Zählbausteinen vom Typ D 192 gelangen [5, 6]. Die Ladeeingänge dieser Zählbausteine sind mit den entsprechenden Digitleitungen verbunden, so daß eine zifferngerechte Einlesung der jeweils aufgerufenen Dekade erfolgt. Für die Darstellung der Rechenergebnisse kann eine halblogarithmische Darstellung vereinbart werden.

3. Anwendungsbeispiel

Im Rahmen einer meßtechnischen radiometrischen Aufgabe lag zunächst ein aus mehreren Röntgenpeaks bestehendes Spektrum vor. Es war erforderlich, die Impulsinhalte zweier Peaks durch Quotientenbildung miteinander zu verknüpfen, diesen Quotienten mit einer Konstanten zu multiplizieren und eine weitere Konstante additiv hinzuzufügen, d. h. eine lineare Eichkurve für den genannten Zählratenquotienten zu realisieren. Dieses Beispiel nutzt die angebotenen Möglichkeiten bezüglich der mathematischen Verknüpfungen des Rechners bei weitem nicht aus. Die vorliegende Forderung nach der schnellen Verfügbarkeit von Qualitätsparametern vieler Einzelproben ist jedoch durch den Einsatz dieses Rechners geradezu ideal zu erfüllen.

Der Meßvorgang und die Datenverarbeitung dieses Beispiels seien im folgenden kurz beschrieben: Die von einem strahlungsempfindlichen Detektor abgegebenen energieproportionalen Impulse gelangen nach entsprechend gewählter Verstärkung auf zwei Einkanalanalysatoren, deren Kanaleinstellungen so gewählt sind, daß die gewünschten Energien ausgeblendet und in zwei nachgeschalteten Zählern registriert werden. Diese beiden Zähler sind ausgangsseitig in der beschriebenen Weise mit dem Kleinstrechner verbunden und lösen diesen nach Beendigung der Meßzeit aus, so daß nunmehr das Zählergebnis des ersten Zählers in den Arbeitsspeicher des Rechnerschaltkreises übertragen wird. Nach dem Aufruf der im Programm vereinbarten Division erfolgt der Übertrag des zweiten Zählerinhaltes. Der folgende Takt aktiviert das Gleichheitszeichen. Im Display erscheint nun für eine Taktzeit das Ergebnis für den Quotienten, der multiplikativ mit einer der beiden an den Vorwahlschaltern eingestellten Konstanten verknüpft wird. Auch dieses Zwischenergebnis wird angezeigt und nach additiver Verrechnung mit der zweiten Konstanten kann das Endergebnis abgelesen bzw. mit dem nachfolgenden Taktimpuls ausgedruckt werden. Das Signal zum Start der Zähler kann unmittelbar nach der Übertragung der beiden Zählerinhalte gegeben werden. Die relativ lang erscheinende Abarbeitungszeit von ca. 15 s resultiert aus der Notwendigkeit, die verhältnismäßig langen internen Rechenzeiten des Rechnerschaltkreises für Funktion ($\ln x$; e^x usw.) bei der Festlegung der Taktzeit zu berücksichtigen.

4. Zusammenfassung

Der hier beschriebene programmierbare Kleinstrechner gestattet die mathematische Weiterverarbeitung von Zählergebnissen, die diesem Rechner im one-line-Betrieb zugeleitet werden. Seine leichte Programmierbarkeit und sein geringer materieller Aufwand lassen seinen Einsatz überall dort sinnvoll erscheinen, wo relativ wenige Daten mit wenigen Rechenschritten verknüpft zu einem alphanumerischen Ergebnis führen und der Einsatz von Mikroprozessoren erheblich überdimensioniert wäre.

Eingegangen am 16. 7. 1980

Literatur

[1] *P. Pawlizki*, radio fernsehen elektronik **23** (1974) 46
[2] *D. Buttgereit*, radio fernsehen elektronik **22** (1973) Seite 557
[3] *G. Thiem*, radio fernsehen elektronik **25** (1976) 48
[4] *F. Bilz*, radio fernsehen elektronik **27** (1978) 662
[5] *E. Gerlach*, radio fernsehen elektronik **29** (1980) 249
[6] *G. Turinsky*, radio fernsehen elektronik **29** (1980) 392

Durchführung und Ergebnisse eines Vergleichs zwischen strahlentherapeutischen Zentren der DDR mit Thermolumineszenz-Dosimetern*)

R. Kunze, H. Korn

(Amt für Standardisierung, Meßwesen und Warenprüfung, Bereich Meßwesen, Fachabteilung Ionisierende Strahlung)[1]

H. Hegewald, V. Schirrmeister

(Humboldt-Universität, Bereich Medizin (Charité), Geschwulstklinik, Strahlenphysikalische Abteilung)[2]

Zur Sicherung der Einheitlichkeit und Richtigkeit der Energiedosismessung in der DDR wurde zwischen strahlentherapeutischen Zentren der DDR und dem ASMW ein Vergleich mit Hilfe von LiF-Thermolumineszenzdosimetern auf der Grundlage eines Programms der IAEA/WHO durchgeführt. Der Vergleich, an dem 12 Institutionen teilnahmen, erfolgte für ^{60}Co-γ-Strahlung. Die TL-Dosimeter wurden in einem Wasserphantom in 5 cm Tiefe mit einem vorgegebenen Energiedosiswert bestrahlt.
Innerhalb der Meßunsicherheit von 5% für das Vergleichsverfahren lagen 88% aller Meßwerte. Mit den Institutionen, die eine Abweichung von mehr als 5% vom vorgegebenen Dosiswert hatten, wurde ein zweiter Vergleich durchgeführt.
Eine Analyse der in den Kliniken verwendeten Verfahren und Meßmittel zur Energiedosisbestimmung wird ebenfalls gegeben.

Keywords

comparative evaluations; dosimetry; errors; gamma radiation; radiation doses; radiotherapy; thermoluminescent dosemeters

1. Einführung

In den letzten Jahren wurden viele Anstrengungen unternommen, die klinische Dosimetrie weiter zu vervollkommnen. Ein Beitrag dazu sind internationale und nationale Vergleichsmessungen auf dem Gebiet der Energiedosisbestimmung. Derartige Vergleiche werden seit 1966 gemeinsam von der IAEA und der WHO organisiert [1]. An Pilotvergleichen auf dem Gebiet der ^{60}Co-γ-Strahlung und der Röntgenstrahlung der Anregungsspannung bis 250 kV nahm das ASMW als eines der „Primärstandardlaboratorien", die die Bezugswerte stellten, mit Erfolg teil. Die dabei ermittelten Abweichungen zwischen den 4 metrologischen Staatsinstituten und führenden strahlentherapeutischen Zentren in 8 Ländern betrugen $\pm 2{,}5\%$.

Zur Sicherung der Richtigkeit und der Einheitlichkeit der Energiedosisbestimmung in der DDR hatten sich deshalb die Fachabteilung Ionisierende Strahlung des ASMW und die Sektion für Klinische Strahlenphysik in der Gesellschaft für Medizinische Radiologie der DDR dazu entschlossen, 1979 im nationalen Rahmen einen Vergleich auf dem Gebiet der ^{60}Co-γ-Strahlung zu organisieren und durchzuführen.

*) Vortrag, vorgelegt auf dem „Internationalen Erfahrungsaustausch auf dem Gebiet der Messung ionisierender Strahlung", veranstaltet vom ASMW vom 13. bis 16. Mai 1980 in Berlin

Anschriften: [1]) 1162 Berlin, Fürstenwalder Damm 238; [2]) 1040 Berlin, Schumannstr. 20

2. Methode des Vergleichs

2.1. *Gerätetechnische Seite*

Für Vergleiche, die auf postalischem Wege durchgeführt werden, haben sich Thermolumineszenz-Dosimeter international bewährt [1, 2, 3]. Hier wurden extrudierte LiF-Microrods vom Typ Harshaw TLD-100 mit den Standardabmessungen 1 mm ∅ und 6 mm Länge als Detektoren eingesetzt. Die Auswertung erfolgte mit dem Thermolumineszenz-Dosimeter Typ 654 „Toledo" der Firma Pitman.

Von den wählbaren, variablen Größen des Ausheizzyklus wurden bei kontinuierlichem Stickstoffdurchfluß folgende Betriebsbedingungen gewählt:

1. *Vorheiz-Phase*:
   (zur Eliminierung der Vorpeaks niedriger Temperatur)
   Plateautemperatur: 135 °C, 16 s
2. *Ausheiz-Meßphase*:
   Plateau-Temperatur: 270 °C, 16 s

Die Heiz- und Abkühlungsrate ist jeweils konstant. Die Empfindlichkeits- und Funktionskontrolle erfolgt mit einer internen und einer externen Lichtquelle.

Die Regenerierung der im Therapiedosisbereich verwendeten Detektoren erfolgt in einem externen Ausheizprozeß (400 °C/1½ h und 80 °C/16 h). Für die Mikrorods wurden in vielen Meßreihen individuelle Kalibrierfaktoren ermittelt, die nach der Regenerierung und vor jeder neuen Messung durch Bestrahlung von geeigneten Kontrollgruppen überprüft wurden.

2.2. *Organisierung und Durchführung*

Von 15 strahlentherapeutischen Zentren, die mit ^{60}Co-γ-Bestrahlungseinrichtungen arbeiten, nahmen 12 Institutionen am Vergleich teil (Tab. 1).

Die Teilnehmer erhielten auf dem Postweg einen Satz von 10 LiF-Microrods. Davon mußten 6 Microrods bestrahlt werden. Zur Bestrahlung dieser 6 TL-Dosimeter wurde den Teilnehmern eine Halterung mitgeliefert, damit eine einheitliche Bestrahlungsgeometrie gewährleistet wurde (Abb. 1). Die Bestrahlung sollte vertikal in einem Wasserphantom (Abmessungen etwa 30 cm × 30 cm × 30 cm) in einer Wassertiefe von 5 cm erfolgen. Die Feldgröße war mit 10 cm × 10 cm (bzw. $F = 100$ cm²) vorgegeben und der Abstand Quelle—Wasseroberfläche konnte aus dem Bereich von 60 cm bis 100 cm gewählt werden. Die den Dosimetern applizierte Dosis sollte 1 Gy betragen.

Tab. 1. Verzeichnis der Vergleichsteilnehmer

Akademie der Wissenschaften der DDR Zentralinstitut für Krebsforschung
Bereich Medizin (Charité) der Humboldt-Universität zu Berlin Geschwulstklinik
Radiologische Klinik und Poliklinik der Friedrich-Schiller-Universität Jena
Radiologische Klinik der Martin-Luther-Universität Halle
Radiologische Klinik und Poliklinik der Karl-Marx-Universität Leipzig
Radiologische Klinik und Poliklinik der Medizinischen Akademie Erfurt
Radiologische Klinik der Wilhelm-Pieck-Universität Rostock
Bezirkskrankenhaus Cottbus Radiologische Klinik
Radiologische Klinik und Poliklinik der Ernst-Moritz-Arndt-Universität Greifswald
Medizinische Akademie „Carl-Gustav Carus" Dresden, Radiologische Klinik
Bezirkskrankenhaus Karl-Marx-Stadt Zentralinstitut für Radiologie
Radiologische Klinik Schwerin FA für Radiologie und Gynäkologie

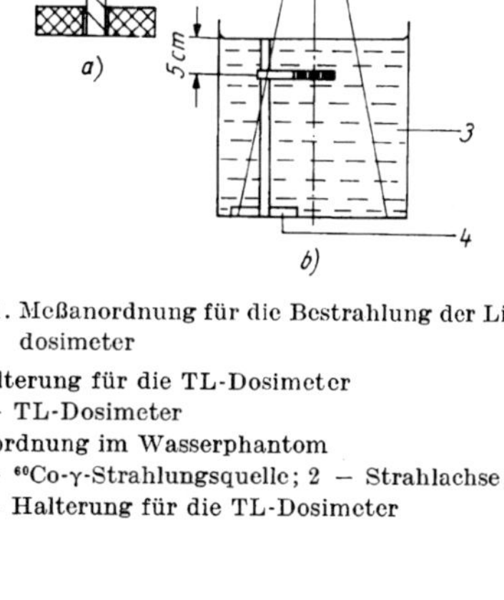

Abb. 1. Meßanordnung für die Bestrahlung der LiF-Thermolumineszenzdosimeter
a) Halterung für die TL-Dosimeter
1 – TL-Dosimeter
b) Anordnung im Wasserphantom
1 – ^{60}Co-γ-Strahlungsquelle; 2 – Strahlachse; 3 – Wasserphantom; 4 – Halterung für die TL-Dosimeter

Die restlichen 4 TL-Dosimeter wurden von den Teilnehmern nicht bestrahlt und dienten als Kontrolldosimeter zur Eliminierung von Umwelt- bzw. Transporteinflüssen. Von diesen 4 Dosimetern sind jeweils 2 vorher im ASMW zur Kontrolle des Fadings mit einer Energiedosis von 1 Gy bestrahlt worden. Die restlichen 2 Dosimeter blieben vollkommen unbestrahlt und sollten eine etwaige ungewollte zusätzliche Bestrahlung während des Transports bzw. der Lagerung in der Klinik anzeigen.

Außerdem erhielt jeder Teilnehmer noch einen Fragebogen zur angewendeten Bestrahlungstechnik, um eine vergleichbare Auswertung aller Ergebnisse zu sichern.

Nach der Bestrahlung in den strahlentherapeutischen Zentren wurde der Satz von 10 TL-Dosimetern auf dem Postweg an das ASMW zurückgeschickt.

2.3. *Kalibrierung des Dosimetersystems*

Die Kalibrierung des Dosimetersystems (TL-Dosimeter und Auswerteeinheit) wurde im ASMW durchgeführt, indem die LiF-Dosimeter im Wasserphantom in 5 cm Tiefe mit einer definierten Energiedosis bestrahlt wurden. Dabei wurden gleiche Bestrahlungsbedingungen gewählt, wie sie bei den Teilnehmern am Vergleich zu erwarten waren. Die Bestimmung der Energiedosis erfolgte nach der Beziehung [4, 5]:

$$D_W^5 = f_\lambda \cdot A \cdot \dot{X} \cdot t \qquad \text{Gy}$$

wobei f_λ der Konversionsfaktor, A der Displacementfaktor (das Produkt $f_\lambda \cdot A$, entspricht den C_λ-Werten in den Reports der ICRU [4, 12]), $\dot{X}$ die Expositionsleistung am Meßort und t die Bestrahlungszeit bedeuten. Für $f_\lambda \cdot A$ wurde der Wert von 36,9 Gy · (C/kg)$^{-1}$ benutzt. Die Expositionsleistung wurde mit einem Sekundärnormal des ASMW (VA-J-18 mit Kugelkammer ohne Verstärkungskappe) bestimmt. Die Empfindlichkeit des LiF-Dosimetersystems wurde aus 3 Bestrahlungsserien von je 12 TL-Dosimetern über einen Zeitraum von 3 Monaten ermittelt. Die Abweichungen der ermittelten Empfindlichkeiten zwischen den 3 Bestrahlungsserien betrugen ±2% und ergaben einen Mittelwert von 321,6 Imp./Gy. Der Gesamtfehler des Kalibrierungsfaktors beträgt 3,5%.

3. Ergebnisse des Vergleichs

3.1. *Auswertung der TL-Dosimeter*

Die TL-Dosimeter wurden in der strahlenphysikalischen Abteilung der Geschwulstklinik der Charité vierzehn Tage nach dem angegebenen Bestrahlungstermin mit der oben angeführten Meßeinrichtung ausgewertet. Aus den Kontrolldosimetern wurde ein Fadingfaktor ermittelt. Die Anzeige wurde mit dem Fadingfaktor auf den Zeitpunkt der Bestrahlung korrigiert. In Abb. 2 sind die Relativwerte der einzelnen Kliniken, bezogen auf den vorgegebenen Eichwert für 1 Gy, dargestellt. Innerhalb der Gesamtmeßunsicherheit des Verfahrens von 5% liegen 88% aller Meßwerte. Mit der Institution Nr. 2, deren Wert um 10% unterhalb des Eichwertes lag, wurde der Vergleich noch einmal

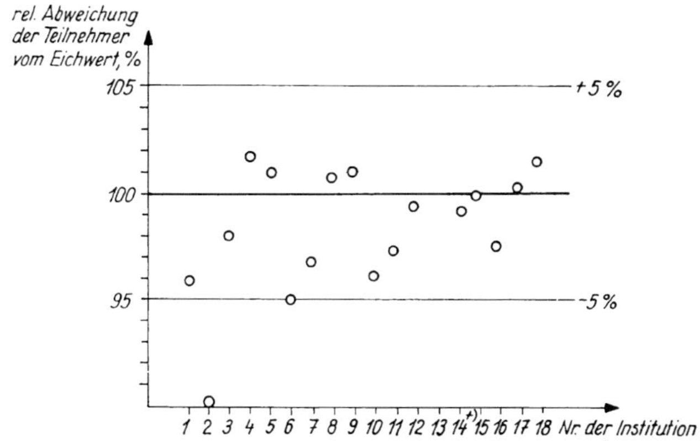

Abb. 2. Ergebnisse des Vergleichs
Relative Abweichung der Vergleichsteilnehmer vom vorgegebenen Dosiswert von 1 Gy (= 100 %)
*) Wiederholung mit der Inst. Nr. 2

wiederholt. Die Wiederholung des Vergleichs ergab eine Abweichung von $-1{,}6\%$ vom Eichwert. Eine Ursache für die große Abweichung bei dem ersten Vergleich konnte nicht ermittelt werden.

3.2. *Auswertung der Fragebogen*

Eine Analyse der in der Strahlentherapie angewendeten Verfahren zur Bestimmung der Energiedosis in Wasser ergibt eine Klassifikation in 4 Methoden, die wie folgt zusammengefaßt werden können:

Methode 1 (6) (91): $\dot{D}^d_W = f_\lambda \cdot A \cdot \dot{X}^d_W$ (1)

Methode 2 (–) (36): $\dot{D}^d_W = f_\lambda \cdot A \cdot (P/100) \cdot \dot{X}^0_W$ (2)

Methode 3 (3) (97): $\dot{D}^d_W = f_\lambda \cdot B \cdot (P/100) \cdot A \cdot \dot{X}^0_L$ (3)

Methode 4 (5) (171): $\dot{D}^d_W = f_\lambda \cdot TAR \cdot A_K \cdot \dot{X}^d_L$ (4)

Die Größen in den Gleichungen (1) bis (4) haben dabei folgende Bedeutung:

$\dot{D}^d_W$: Energiedosisleistung in der Wassertiefe d

$\dot{X}^d_W$; $\dot{X}^0_W$: Expositionsleistung in der Wassertiefe d bzw. an der Oberfläche des Wasserphantoms

$\dot{X}^d_L$; $\dot{X}^0_L$: Expositionsleistung in der Luft am Ort d bzw. in der Entfernung Quelle – Oberfläche Phantom

f_λ: Konversionsfaktor, Gy · (C/kg)$^{-1}$

A: Displacement-Faktor

P: prozentualer Tiefendosisfaktor

B: Rückstreufaktor

TAR: Gewebe-Luft-Verhältnis

A_K: Korrektionsfaktor, der sich aus der Definition des Gewebe-Luft-Verhältnisses ergibt (im allgemeinen mit A identisch).

Die Zahl in der ersten Klammer hinter den Verfahren gibt die Anzahl der Institutionen an, die innerhalb dieses Vergleichs die jeweilige Methode benutzt haben. Eine Klinik benutzte zwei Methoden und legte den Mittelwert aus beiden Berechnungen für den Energiedosiswert zugrunde. Die Werte in der zweiten Klammer sind die entsprechenden Angaben von IAEA/WHO-Vergleichen aus den Jahren 1970–1975 [6]. Alle in die Bestimmungsgleichungen (1) bis (4) – außer der Meßgröße Epxositionsleistung – eingehenden Größen mußten Tabellen [7, 8] entnommen werden und sind von den gewählten Meßbedingungen abhängig. Der größte Variationsbereich ergab sich beim Produkt $f_\lambda \cdot A(C_\lambda$-Wert) mit Werten von 36,5 Gy · (C/kg)$^{-1}$ bis 37,7 Gy · (C/kg)$^{-1}$ in Abhängigkeit vom angenommenen Wert für den Displacementfaktor für die verwendete Ionisationskammer. Von den eingesetzten Dosimetern waren 12 vom Typ VA-J-18 mit Kugel- bzw. Schlauchkammer und 2 vom Typ Philips-Universaldosimeter. Die letzte Prüfung aller eingesetzten Dosimeter im ASMW lag im Mittel nicht länger als 2 Jahre zurück.

4. Diskussionen und Schlußfolgerungen

Obwohl der Ausgangspunkt in allen strahlentherapeutischen Zentren der gleiche ist: eine Dosimetrie auf der Grundlage eines frei in Luft im ASMW geeichten Dosimeters, konnte eine so gute Übereinstimmung der Vergleichswerte von vornherein nicht erwartet werden. Vergleiche auf nationaler Ebene in anderen Ländern zeigten eine wesentlich größere Abweichung der Meßergebnisse [1, 9] untereinander. Das Vergleichsergebnis spricht für den guten Stand, den die klinische Dosimetrie in der DDR erreicht hat. Eine Bevorzugung der einen oder der anderen Methode auf Grund der Fehlerverteilung beim Vergleich ergibt sich nicht. Unserer Meinung nach wäre für Vergleichsmessungen die Methode 1 am vorteilhaftesten, wobei allerdings zu berücksichtigen ist, daß in der Praxis der Bestrahlungsplanung vorwiegend die Methoden 2 bzw. 4 angewendet werden und die bisher tabellierten f_λ- und A- bzw. C_λ-Werte in jüngster Zeit Gegenstand kritischer Betrachtungen sind [10, 11]. Im ASMW sind ebenfalls Untersuchungen zum Displacementfaktor A für die in der DDR am häufigsten eingesetzten Ionisationskammertypen vorgesehen.

Eingegangen am 23. 7. 1980

Literatur

[1] IAEA – Technical Reports Series, No. 182. Intercomparison procedures in the dosimetry of photon radiation. IAEA, Wien 1978
[2] *M. J. Rossiter*, Phys. Med. Biol. **20** (1975) 735
[3] *S. F. Deus, S. Watanabe*, Health physics **28** (1976) 793
[4] ICRU-Report 23, Measurement of absorbed-dose in phantom irradiated by a single beam of X-or gamma-rays. ICRU, Washington 1973
[5] IAEA – Technical Reports Series, No. 110. Manual of dosimetry in radiotherapy. IAEA, Wien 1970
[6] *H. Eisenlohr, S. Jayaraman*, Phys. Med. Biol. **22** (1977) 18
[7] Central axis depth dose data for use in radiotherapy. British Journal of Radialogy 1972, Supplement No. 11
[8] *F. Wachsmann, G. Dexter*, Graphs and tables for use in radiology. Springer-Verlag Berlin – Heidelberg – New York 1976 (2. Aufl.)
[9] *J. J. Broerse, K. H. Puite*, Phys. Med. Biol. **19** (1974) 732
[10] *A. E. Nahum, J. R. Greening*, Phys. Med. Biol. **23** (1978) 894
[11] National and international standardization of radiation dosimetry. Proceedings of a symposium Atlanta 5.–9. Dec. 1977, 2 Bd. IAEA, Wien 1978
[12] ICRU-Report 14. Radiation dosimetry: X-Rays and Gamma-Rays with maximum photon energies between 0,6 and 50 MeV. ICRU, Washington 1969

Ergebnisse spektrometrischer Untersuchungen von Röntgen- und Gammastrahlungsfeldern von dosimetrischen Bestrahlungseinrichtungen*)

D. Richter, R. Brust, H. Rothe

(Amt für Standardisierung, Meßwesen und Warenprüfung, Bereich Meßwesen, Fachabteilung Ionisierende Strahlung)[1])

Bei Bestrahlungseinrichtungen, die in Verbindung mit der Darstellung und Übertragung der Einheiten dosimetrischer Größen zur Anwendung kommen, ist die Kenntnis der Energieverteilung der austretenden Strahlung von besonderer Wichtigkeit. Es wird über die Ergebnisse spektrometrischer Untersuchungen an den im ASMW zur Erzeugung von Quantenstrahlung eingesetzten Anlagen, einem 2-MV-van-de-Graaff-Beschleuniger, einer 250-kV- und einer 60-kV-Röntgen-Therapieeinrichtung sowie mehreren Bestrahlungseinrichtungen für kollimierte und allseitig einfallende Gammastrahlung berichtet. Nach einer kurzen Darstellung der Bestimmungsmethoden für die Impulshöhenverteilungen und deren rechnerische Verarbeitung zur Ermittlung der Energieverteilungen wird die Abhängigkeit der erhaltenen Spektren von den verschiedenen Einflußgrößen, wie Anregungsspannung, Zusatzfilterung und Kollimationsbedingungen, diskutiert.

Keywords

dosimetry; gamma radiation; irradiation devices; radiation doses; spectroscopy; X radiation

Bei der Darstellung und Übertragung von dosimetrischen Einheiten ist es notwendig, die spektrale Verteilung der Strahlung am Meßort der Dosimeter zu kennen. Diese Forderung ergibt sich insbesondere aus der Energieabhängigkeit der Dosimeterempfindlichkeit sowie im Zusammenhang mit der Bestimmung energieabhängiger Korrektionsfaktoren. Bei einigen Anlagen, die im ASMW bei dosimetrischen Arbeiten zur Erzeugung bzw. Abschirmung von Quantenstrahlung verwendet werden, ist aus diesen Gründen die Energieverteilung für die in der Dosimetrie angewandten Strahlungsqualitäten bestimmt worden. Es handelt sich dabei um

- eine ^{60}Co-Bestrahlungsanlage zur Erzeugung höherer Expositionsleistungen,
- Kollimatorsysteme für radioaktive Strahlungsquellen,
- drei Röntgenbestrahlungseinrichtungen mit maximalen Anregungsspannungen von 60, 250 bzw. 1800 kV.

Die für die spektrometrischen Messungen verwendeten Nachweissysteme waren je ein Szintillationsdetektor für Röntgenstrahlung bis zu etwa 250 keV bzw. für höherenergetische Quantenstrahlung bis zu etwa 1800 keV sowie ein Röntgen-Ge(Li)-System für Energien bis zu 60 keV. Bekanntlich werden mit derartigen, im wesentlichen stark energieproportionalen Zählern Impulshöhenverteilungen gemessen, aus denen die Energieverteilungen rechnerisch ermittelt werden müssen. Die Transformation der gemessenen Verteilungen in die wahren Energiespektren erfolgt durch Korrektion hinsichtlich der jeweiligen verfälschenden Nachweiseffekte (Entfaltung). Diese Entfaltung wurde bei den Szintillations-Impulshöhenverteilungen hinsichtlich der Wechselwirkungseffekte im Kristall sowie hinsichtlich der durch die gesamte Nachweisapparatur verursachten Linienverbreiterung vorgenommen [1]. Die Ermittlung der Energieverteilungen erfolgte dabei durch die Lösung eines inhomogenen linearen Gleichungssystems, dessen Koeffizientenschema eine Matrix der spektralen Empfindlichkeit des Spektrometers darstellt. Diese Matrix wurde mit Hilfe der Impulshöhenverteilungen von Strahlern diskreter Energiewerte aufgestellt.

Im Gegensatz hierzu besitzt das für Strahlungsenergien bis zu 60 keV verwendete Ge(Li)-System bis zu dieser Energiegrenze eine Nachweisempfindlichkeit von 100%. Da das System zudem ein sehr gutes Energieauflösungsvermögen garantiert, war hier eine Korrektion der Impulshöhenverteilungen nur hinsichtlich des Escape-Effekts für die Germanium-K-Röntgenstrahlung erforderlich.

Im folgenden soll über die an den einzelnen Bestrahlungseinrichtungen durchgeführten spektrometrischen Messungen sowie über die wichtigsten Ergebnisse der Untersuchungen berichtet werden.

Abb. 1. Strahlerkäfig der ^{60}Co-Bestrahlungseinrichtung zur Erreichung höherer Expositionsleistungen

*) Vortrag, vorgelegt auf dem „Internationalen Erfahrungsaustausch auf dem Gebiet der Messung ionisierender Strahlung", veranstaltet vom ASMW vom 13.–16. Mai 1980 in Berlin

[1]) Anschrift: 1162 Berlin, Fürstenwalder Damm 388

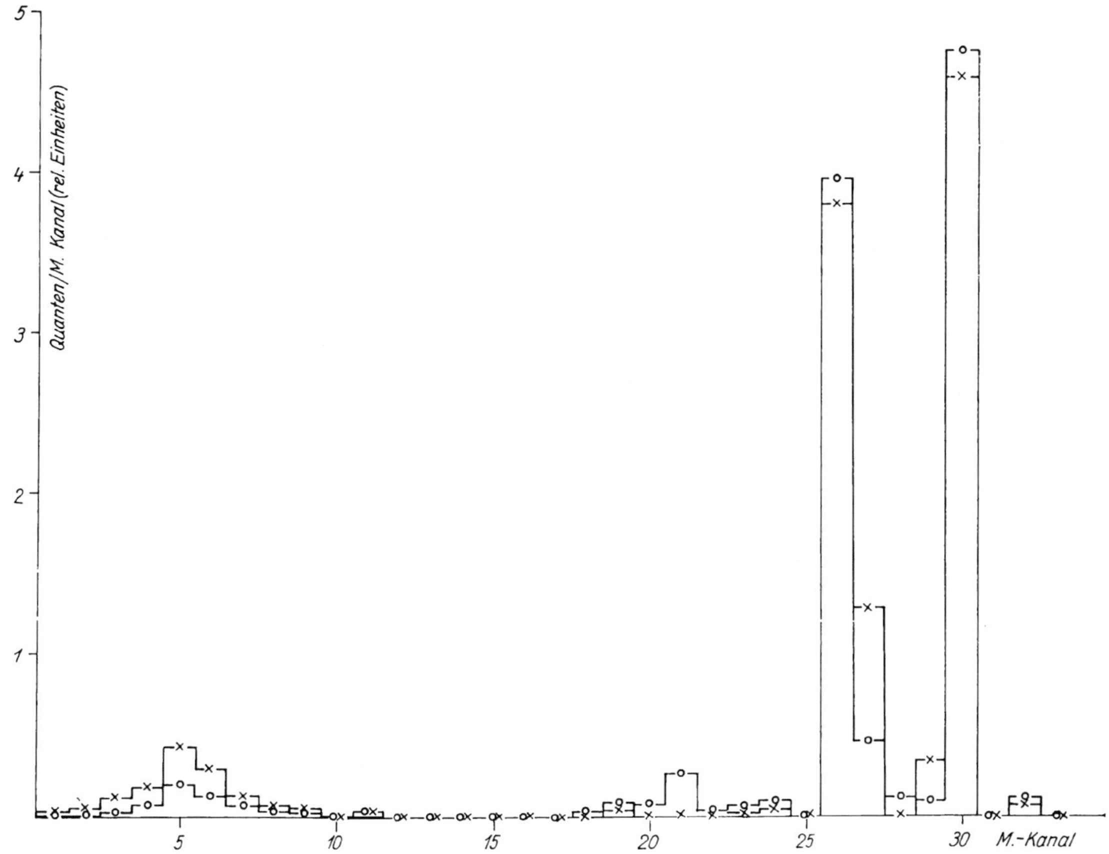

Abb. 2. Energieverteilungen der γ-Strahlung für die ^{60}Co-Bestrahlungseinrichtung
o – Käfigdurchmesser von 40 mm, x – Käfigdurchmesser von 100 mm; 1 Matrixkanal entspricht 45,2 keV

Zur Erzeugung höherer Expositionsleistungen von Gammastrahlung mit Strahlungsquellen relativ geringer Aktivität wird bei dosimetrischen Messungen im ASMW eine *spezielle ^{60}Co-Bestrahlungsanlage eingesetzt* [2]. Sie enthält 12 stabförmige ^{60}Co-Quellen mit Aktivitäten von etwa 5 GBq (ca. 130 mCi), welche äquidistant auf einer Zylinderfläche angeordnet sind und somit einen Strahlerkäfig bilden (Abb. 1). Der Durchmesser des Zylinders ist kontinuierlich zwischen 40 mm und 100 mm variierbar, wobei im Zentrum der Bestrahlungseinrichtung, in dem das verwendete Dosimeter einjustiert wird, Expositionsleistungen zwischen ca. 130 μA/kg und ca. 40 μA/kg erreicht werden. Der Strahlerkäfig befindet sich innerhalb einer rechteckigen Blei-Abschirmkammer mit den Innenabmessungen (150 × 150 × 260) mm³ und einer Wanddicke von 150 mm. Zur Absorption der durch die Primärstrahlung angeregten charakteristischen Röntgenstrahlung des Bleis ist die Innenwand mit einer Kupferschicht von 4 mm Dicke ausgekleidet.

Eine direkte Aufnahme der Impulshöhenverteilungen am vorgegebenen Meßort mit Hilfe des hierfür vorgesehenen Szintillationsmeßkopfes mit NaI(Tl)-Kristall (1,5″ ∅ × 1″) wird einerseits durch die zu hohe Expositionsleistung im Käfiginneren, zum anderen durch die im Vergleich zu den Käfigabmessungen relativ großen Abmessungen des Detektors verhindert. Deshalb wurde eine Lösung dieser spektrometrischen Problemstellung über Messungen an einem speziell hierfür aufgebauten Modell der Bestrahlungseinrichtung gesucht. Dieses Modell war eine im Maßstab 4:1 vergrößerte Nachbildung der Bestrahlungseinrichtung einschließlich der Bleiabschirmung unter Verwendung von stabförmigen Strahlungsquellen geringer Aktivität. Dieser Maßstab entspricht etwa dem Verhältnis der Abmessungen des Spektrometer-Meßkopfes zu denen der bei den dosimetrischen Arbeiten verwendeten Ionisationskammern. Bei den Modelluntersuchungen wurde der Szintillationsmeßkopf in gleicher Weise einjustiert wie die Dosimeter in der Original-Bestrahlungseinrichtung. Da auf diese Weise allseitig einfallende Strahlung nachgewiesen werden sollte, machte es sich erforderlich zu zeigen, daß der Detektor im zu untersuchenden Energiebereich eine isotrope spektrale Empfindlichkeit besitzt. Der Nachweis hierfür wurde durch entsprechende Messungen mit ^{60}Co- und ^{137}Cs-Strahlungsquellen bei unterschiedlichen Abständen zum Detektor bis zu maximal etwa 500 mm und unterschiedlichen Einfallsrichtungen auf den Detektor in für die vorgesehenen Modellmessungen ausreichender Weise erbracht.

Abb. 2 zeigt den Vergleich der Energieverteilungen für die beiden extremen Käfigdurchmesser von 40 mm bzw. 100 mm, was im Modell durch den Vergrößerungsmaßstab 4:1 Durchmessern von 160 mm bzw. 400 mm entspricht. Man erkennt, daß für den kleinen Durchmesser des Käfigs der Rückstreuanteil, dessen Maximum im Kanal 5 liegt, geringer ist als für den größeren Durchmesser. Das ist rein geometrisch durch das Abstandsgesetz zu erklären, da die Primärstrahlung in den Strahlerstäben, die rückgestreute Strahlung aber hauptsächlich in der Wand der Abschirmkammer entsteht. Umgekehrt ist für die Käfigstellung mit kleinem Durchmesser der Anteil an vorwärtsgestreuter Strahlung – mit dem Maximum im Kanal 21 – größer als für die mit großem Durchmesser, weil hier die unter kleineren Winkeln in den Strahlerstäben gestreute Strahlung stärker in Erscheinung tritt.

Bei fehlender Auskleidung der Bleikammer mit Kupfer ist der Rückstreuanteil bedeutend geringer. Die Wandauskleidung ist jedoch notwendig zur Eliminierung der Fluoreszenzstrahlung des Bleis als einer — bezogen auf die Primärstrahlungsenergie — besonders niederenergetischen Komponente.

Bei den für dosimetrische Arbeiten im ASMW eingesetzten *Bleikollimatoren* handelt es sich um Systeme mit entweder zylindrischer oder konischer Gestaltung des Kollimatorschachtes, wobei die Strahlungsquelle in unmittelbarer Nähe dieses Schachtes auf dessen verlängerter Achse angebracht ist. Bei den spektrometrischen Untersuchungen wurde der Szintillationsmeßkopf (NaI(Tl)-Kristall; 1,5″ ⌀ × 1″) in der Kollimatorachse bei Abständen von 50 cm oder 100 cm von der Strahlungsquelle einjustiert. Die Messungen erfolgten für die Nuklide ^{60}Co und ^{137}Cs.

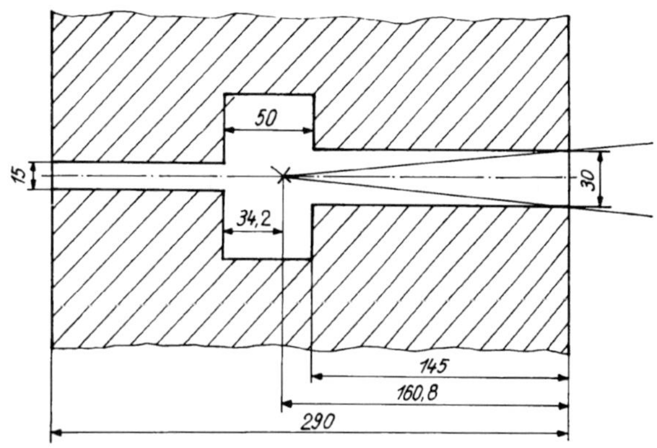

Abb. 3. Kollimator für dosimetrische Vergleichsmessungen im Rahmen des RGW
Darstellung für einen Kollimatoreinsatz von 30 mm Durchmesser; Angaben in mm

Für gleiche Quellen und Quelle-Detektor-Abstände ergab sich der bekannte Effekt des Anwachsens des Streustrahlungsanteils mit dem Verhältnis des Schachtdurchmessers zur Schachtlänge bei zylindrischen Kollimatoren sowie mit dem Öffnungswinkel bei konischen Systemen. Als ein Beispiel hierfür soll ein Kollimatorsystem mit Schachteinsätzen von 145 mm Länge und Durchmessern von 30 mm bzw. 60 mm ausgewählt werden (Abb. 3). Der Vergleich der entsprechenden Energieverteilungen für einen Quelle-Detektor-Abstand von 50 cm zeigt deutlich den geringeren Streustrahlungsanteil bei Verwendung des engeren Kollimatoreinsatzes (Abb. 4). Da die Kollimatorschächte mit Messing ausgekleidet sind, fehlt hier die Blei-Fluoreszenzstrahlung, die bei Bleikollimatoren ohne diese Auskleidung im Kanal 2 auftritt. Charakteristisch für die Spektrenform ist — wie bei allen untersuchten Kollimatoren — die Ausbildung von zwei deutlichen Maxima für die Rückstreuung und für die Vorwärtsstreuung, die bei ^{60}Co-Strahlung in den Kanälen 5 bzw. 21 liegen. Bei den Messungen mit ^{137}Cs zeigte sich gegenüber ^{60}Co wegen der geringeren Primärstrahlungsenergie ein etwa um den Faktor 2 größeres Verhältnis des gesamten Streustrahlungsanteils zur Primärstrahlungskomponente.

Beim Vergleich der Spektren für unterschiedliche Quelle-Detektor-Abstände ergab sich ein Anwachsen des Rückstreuanteils sowie eine Verminderung des vorwärtsgestreuten Anteils bei Vergrößerung dieses Abstandes. Falls man also bei dosimetrischen Messungen auf Grund der Quellenaktivität genügend Spielraum bei der Wahl der Quelle-Detektor-Distanz hat, sollte zur Verringerung des

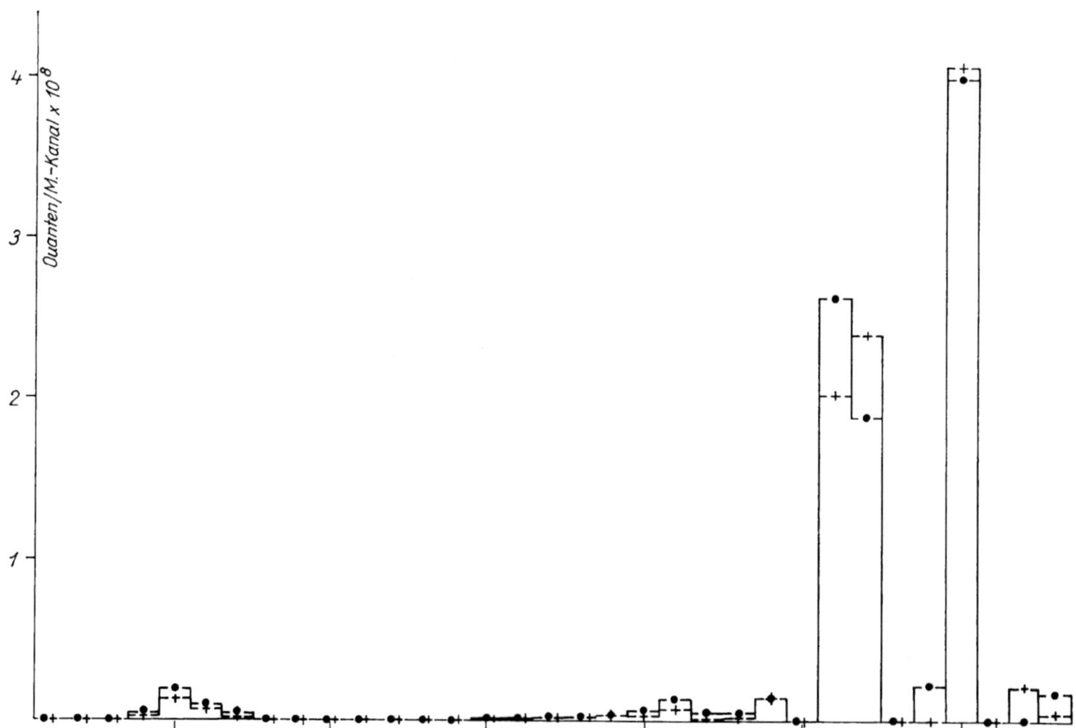

Abb. 4. Energieverteilungen für einen zylindrischen Kollimator von 145 mm Länge entsprechend Abb. 3 (+ — Einsatz von 30 mm ⌀, ● — Einsatz von 60 mm ⌀) bei einem Quelle-Detektor-Abstand von 50 cm
1 Matrixkanal entspricht 45,2 keV

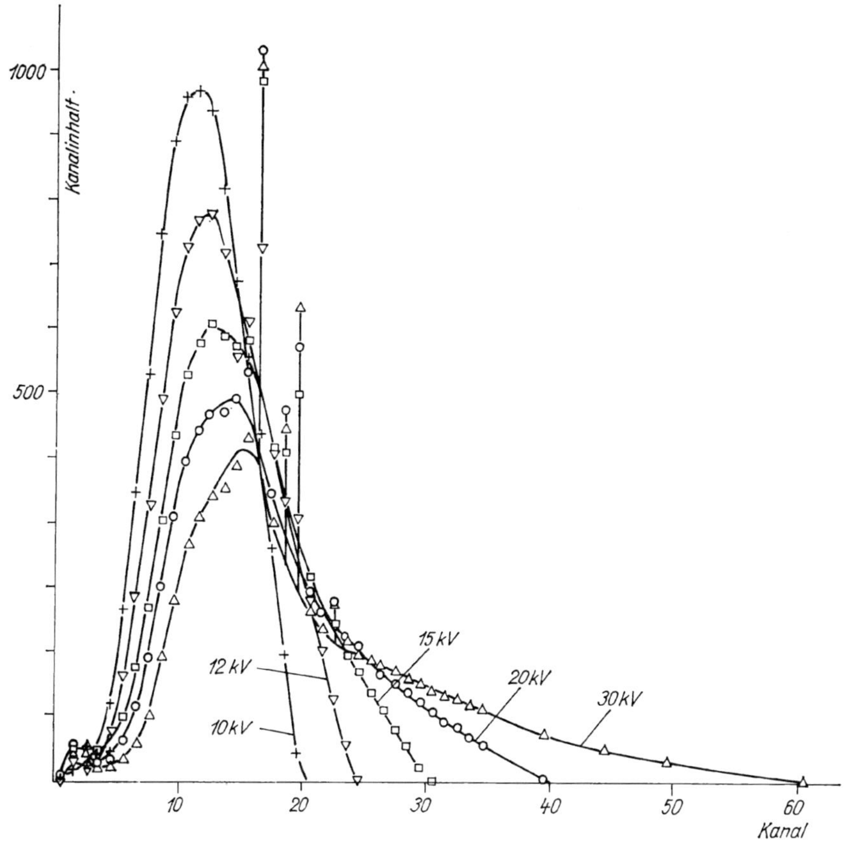

Abb. 5. Energieverteilungen für die Nahbestrahlungseinrichtung für unterschiedliche Anregungsspannungen bei Leerfilterung mit 1 mm Be
1 Kanal entspricht 0,5 keV

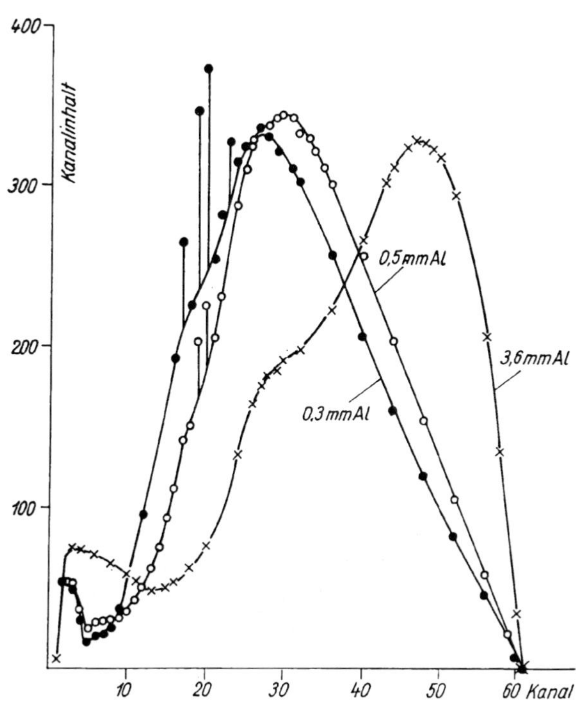

Abb. 6. Energieverteilungen für die Nahbestrahlungseinrichtung bei einer Anregungsspannung von 30 kV und unterschiedlichen Aluminiumfilter-Dicken
1 Kanal entspricht 0,5 keV

niederenergetischen Anteils im Spektrum dieser Abstand möglichst klein gehalten werden.

Im ASMW stehen für Dosismessungen weiterhin die folgenden *Einrichtungen zur Erzeugung von Röntgenstrahlung* zur Verfügung:

- 60-kV-Nahbestrahlungseinrichtung,
- 250-kV-Tiefentherapieeinrichtung,
- *van-de-Graaff*-Beschleuniger mit Wolfram-Target (maximale Anregungsspannung 1800 kV).

Für die in der Dosimetrie angewendeten Strahlungsqualitäten, d. h. bei den dort gewählten Anregungsspannungen und Filterungen, wurden für diese Bestrahlungseinrichtungen die Energieverteilungen, bezogen auf den Meßort der Dosimeter, ermittelt. Dabei ist grundsätzlich zu unterscheiden zwischen der schwachen Filterung, die gewöhnlich in der Röntgentherapie angewendet wird, und der starken Filterung, mit der der Fall der homogenen Schwächung erreicht werden soll.

Eine besondere meßtechnische Schwierigkeit ergab sich bei den spektrometrischen Untersuchungen durch die zu hohe Quantenflußdichte an den in der Dosimetrie üblichen Meßorten selbst bei den kleinstmöglichen Elektronenströmen. Aus diesem Grunde mußten Abänderungen der Meßbedingungen gegenüber denen bei den dosimetrischen Messungen z.B. durch Wahl eines größeren Abstandes des Detektors vom Fokus vorgenommen werden. Dabei wurde durch zusätzliche Messungen mit radioaktiven Strahlungsquellen der Nachweis dafür erbracht, daß sich hierdurch keine Veränderungen der spektralen Verteilung ergeben.

Die Energieverteilungen bestehen aus dem typischen kontinuierlichen Anteil und der je nach Anregungsspannung und Filterung ausgebildeten charakteristischen Linienstrahlung. Des weiteren ist mit zunehmender Dicke bzw. Ordnungszahl des Filtermaterials der bekannte Effekt der Aufhärtung der Strahlung, d. h. der Verschiebung des Energieschwerpunktes zu höheren Energien, aus den Spektren ersichtlich.

Als Beispiele für die ermittelten Röntgenspektren zeigt Abb. 5 Verteilungen für die 60-kV-Nahbestrahlungseinrichtung bei Leerfilterung, d. h. mit 1-mm-Beryllium-Fenster, und für Anregungsspannungen im Bereich von 10 kV bis 30 kV. Man erkennt die Kontinua mit den der jeweiligen Anregungsspannung entsprechenden Endpunkten sowie die drei Komponenten der charakteristischen L-Strahlung (L_α, L_β, L_γ). Diese Fluoreszenzstrahlung tritt von einer Röhrenspannung von 12 kV an in Erscheinung. Als Beispiel für die Aufhärtung der Strahlung mit zunehmender Filterung sind in Abb. 6 Spektren für eine Anregungsspannung von 30 kV und unterschiedliche Dicken von Aluminiumfiltern enthalten.

In Abb. 7 sind die mit dem *van-de-Graaff*-Generator erhaltenen Röntgenspektren bei schwacher Filterung (9 mm Kupfer-Äquivalent) dargestellt [3]. Die Schwerpunkte der Spektren liegen in der Nähe der niederenergetischen Grenze, wobei die Lage der Maxima im betrachteten Energiebereich nahezu konstant bleibt. Die charakteristische Strahlung des Wolframs, die bei den Spektren für die Tiefentherapieanlage in Erscheinung tritt, ist hier wegen der relativ starken Vorfilterung nicht nachzuweisen. Bei starker Filterung durch Blei sind die beträchtliche Aufhärtung der Strahlung und die erhebliche Verschiebung des

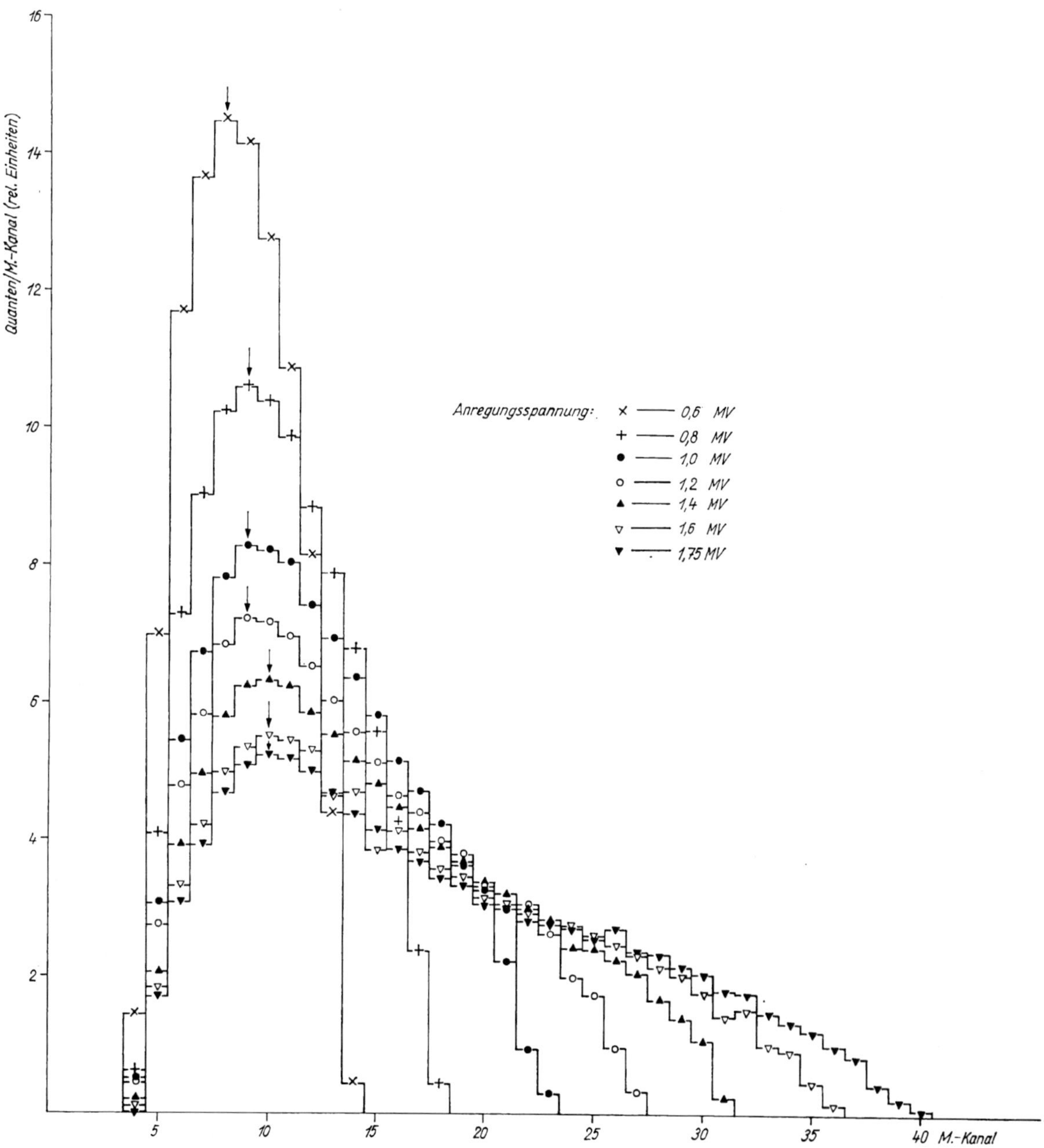

Abb. 7. Energieverteilungen der Wolfram-Bremsstrahlung für den *van-de-Graaff*-Beschleuniger bei schwacher Filterung und unterschiedlichen Anregungsspannungen

1 Kanal entspricht 45,2 keV; die Pfeile kennzeichnen die Kanallage des Verteilungsmaximums

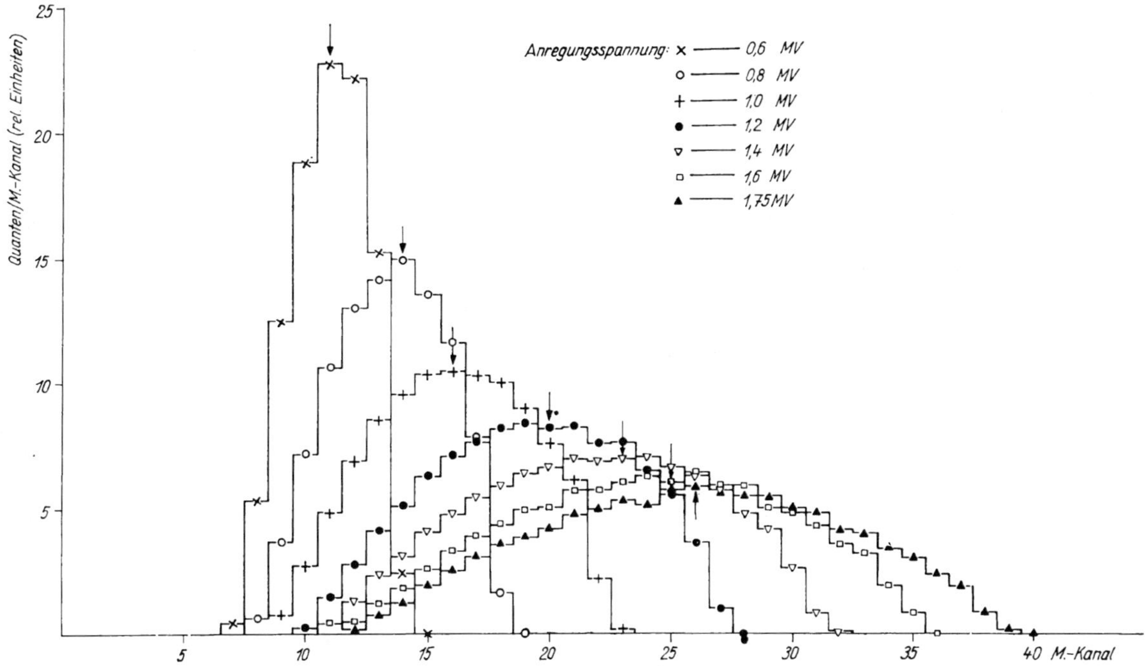

Abb. 8. Energieverteilungen der Wolfram-Bremsstrahlung für den *van-de-Graaff*-Generator bei starker Filterung
1 Kanal entspricht 45,2 keV; die Pfeile kennzeichnen die Kanallage des Verteilungsmaximums

Tab. Dosimetrisch bestimmte effektive Energien E_{eff} und spektrometrisch bestimmte Schwerpunktsenergien E_s für starke Filterung bei der 60-kV-Nahbestrahlungseinrichtung

Anregungs-spannung kV	Al-Filterdicke mm*)	E_{eff} keV	E_s keV
8	0,06	6,1	5,5
10	0,25	7,7	7,2
12	0,40	9,3	8,7
15	0,80	11,5	10,9
20	1,60	15,0	14,5
30	3,60	21,5	18,9
40	6,50	28,0	22,4
50	7,00	34,0	25,3
60	10,00	40,5	29,7

*) Leerfilterung: 1 mm Be

Maximums sowie des Energieschwerpunktes zu höheren Energien mit steigender Anregungsspannung zu beobachten (Abb. 8).

Ein Maß für die Aufhärtung der Strahlung durch die Filterung ist die Lage des Energieschwerpunktes der spektralen Verteilungen. Für die homogene Schwächung ist diese Schwerpunktsenergie bekanntlich identisch mit der effektiven Energie. Aus der Theorie ergibt sich, daß nur für diesen Fall die spektrometrisch durch Anwendung der Schwerpunktformel und die dosimetrisch durch Halbwertsschichtmessungen ermittelten effektiven Energien übereinstimmen.

Die Tabelle zeigt am Beispiel der Ergebnisse für die Nahbestrahlungseinrichtung, daß mit der starken Filterung die homogene Schwächung nicht erreicht worden ist. Das hat seine Ursache in dem Kompromiß, der bei den dosimetrischen Messungen zwischen der Wahl einer möglichst großen Filterdecke und einem ausreichenden Quantenfluß am Meßort eingegangen werden muß.

Die anhand einiger Beispiele dargestellten spektrometrischen Untersuchungen haben gezeigt, daß in den Energieverteilungen für die aus den Bestrahlungseinrichtungen austretende Strahlung in den meisten Fällen außer dem Primärstrahlungsanteil zusätzliche Strahlungsbeiträge niedrigerer Energie auftreten. Diese Strahlungsbeiträge müssen bei den dosimetrischen Arbeiten insbesondere dann berücksichtigt werden, wenn sie im Vergleich zur Primärstrahlung sehr niederenergetisch sind. Die ermittelten Energieverteilungen können sowohl zur Berechnung der Energiedosis in speziellen Materialien Berücksichtigung finden als auch zur Korrektion der Meßergebnisse bei der Bestimmung der Exposition herangezogen werden.

Eingegangen am 23. 7. 1980

Literatur

[1] *R. Brust, D. Dichter,* Nucl. Instr. Meth. 81 (1970) 132
[2] *H. Rothe, O. Hecker,* Isotopenpraxis 6 (1970) 390
[3] *R. Brust, D. Richter,* Isotopenpraxis 9 (1973) 10

Die 4πX-Normalmeßeinrichtung des ASMW*)

E. Schönfeld, R. Brust, H. Greupner, H. Rothe

(Amt für Standardisierung, Meßwesen und Warenprüfung der DDR, Fachabteilung Ionisierende Strahlung)[1])

Es werden Aufbau und Anwendung einer 4πX-Meßeinrichtung beschrieben, die im ASMW als Normalmeßeinrichtung zur Darstellung der Aktivitätseinheit von Elektroneneinfangstrahlern eingesetzt wird.
Das Detektorsystem der Meßeinrichtung besteht aus zwei vertikal angeordneten Szintillationsmeßköpfen in einer lichtdichten, 5 cm dicken Bleiabschirmung. Die Meßköpfe können mit Szintillatoren unterschiedlicher Dicke zum Nachweis von Röntgenstrahlung im Energiebereich von 10 bis 100 keV bestückt werden.
Die verschiedenen mit der 4πX-Normalmeßeinrichtung möglichen Methoden der Aktivitätsbestimmung von Elektroneneinfangstrahlern werden zusammengestellt und diskutiert. Als Beispiel wird die Aktivitätsbestimmung einer ^{125}I-Lösung beschrieben. Es ergaben sich dabei nach der Summenkoinzidenzmethode und nach der X(EC)-X(IC), γ-Koinzidenzmethode Meßunsicherheiten von 1,3 bzw. 1,0%, bei einer Übereinstimmung der beiden Aktivitätswerte bis auf 0,1%.
Die Aktivität von Strahlungsquellen der Nuklide ^{109}Cd, ^{125}I, ^{139}Ce, ^{197}Hg kann mit der beschriebenen Meßeinrichtung mit einer Meßunsicherheit von etwa 2% bestimmt werden.

Keywords

absolute counting; electron capture radioisotopes, errors; four-pi counting; radioactivity; scintillation counters; X radiation

1. Einleitung

Die Absolutmessung der Aktivität von Elektroneneinfangstrahlern erfordert den Nachweis der Röntgenstrahlung und/oder der *Auger*-Elektronen, die im Anschluß an die Elektroneneinfang-Prozesse emittiert werden.

Bei Elektroneneinfangsstrahlern mit einer Ordnungszahl oberhalb von $Z = 31$ dominiert mit wachsender Ordnungszahl infolge zunehmender K-Fluoreszenzausbeute ω_K immer mehr die K-Quanten-Emission, während die K-*Auger*-Elektronen-Emission entsprechend $(1 - \omega_K)$ abnimmt. Gleichzeitig wächst die K-Quantenenergie E_K mit Z.

Für den Nachweis von Quanten mit einer Energie oberhalb von 20 keV sind die bei energiearmen Quanten vorteilhaft anwendbaren Druckproportionalzählrohre auch bei Füllungen mit Zählgasen hoher effektiver Ordnungszahl nicht mehr optimal.

Für Radionuklide mit einer Röntgenquanten-Emission in diesem Energiebereich bietet sich daher der Nachweis der Quanten mit Hilfe von Szintillationsdetektoren an [1, 2, 3]. Hierbei zeichnet sich die 4π-Geometrie in bekannter Weise dadurch aus, daß sie Aktivitätsmessungen ohne nennenswerte, durch die Geometrie bedingte Fehler gestattet und störende Escape-Effekte vermieden bzw. stark reduziert werden.

Zur Erweiterung der Meßmöglichkeiten des ASMW auf die absolute Aktivitätsbestimmung an Strahlungsquellen von Elektroneneinfangstrahlern mittlerer und hoher Ordnungszahl wurde eine im folgenden kurz als 4πX-Meßeinrichtung bezeichnete Meßeinrichtung aufgebaut und erprobt. Ihr mechanischer Aufbau, die dazugehörige Nachweiselektronik und ihre Anwendung für Aktivitätsmessungen werden im folgenden erläutert.

*) Vortrag, vorgelegt auf dem „Internationalen Erfahrungsaustausch auf dem Gebiet der Messung ionisierender Strahlung", veranstaltet vom ASMW vom 13.–16. Mai 1980 in Berlin

[1]) Anschrift: 1162 Berlin, Fürstenwalder Damm 388

2. Aufbau der Meßeinrichtung

Die 4πX-Meßeinrichtung besteht aus dem 4πX-Detektorsystem und der Nachweiselektronik (Abb. 1).

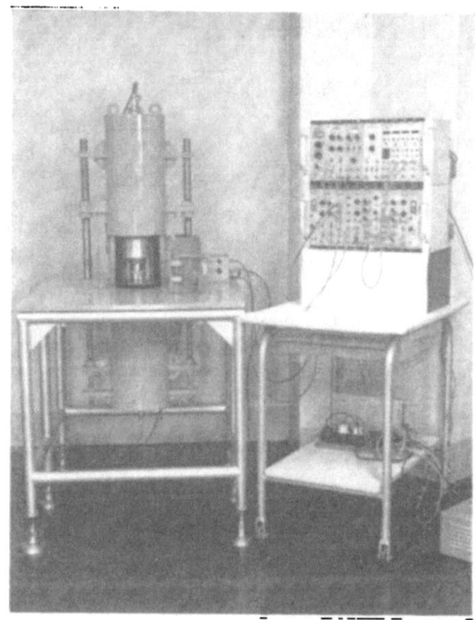

Abb. 1. Die 4πX-Meßeinrichtung mit zugehöriger Nachweiselektronik

Das Detektorsystem (Abb. 2) enthält als Kernstück zwei scheibenförmige Szintillationskristalle mit einem Durchmesser von 50 mm. Die Dicke der verwendeten Kristalle wird der Energie der nachzuweisenden Quantenstrahlung angepaßt und liegt im Bereich von 2 bis 10 mm. Es werden ungefaßte hochpolierte CsI(Na)-Kristalle bzw. NaI(Tl)-Kristalle mit 0,15 mm dickem Beryllium-Eintrittsfenster verwendet, die mit rauscharmen Sekundärelektronenvervielfachern (SEV) hoher Katodenempfindlichkeit des Typs EMI 9514 SA gekoppelt sind.

Die Meßstrahlungsquellen werden zur Messung mit beiden Szintillationskristallen so in Kontakt gebracht, daß praktisch 4π-Geometrie vorliegt.

Abb. 2. Ansicht des geöffneten Detektorsystems der 4πX-Meßeinrichtung

Die an der Anode der SEV abgenommenen Impulse gelangen unmittelbar auf transistorbestückte Katodenfolger. Von hier aus werden sie in Abhängigkeit von der angewendeten Meßmethode entweder über eine Summierstufe auf einen Vielkanalanalysator oder zur Koinzidenzzählung über getrennte Verstärker und Analysatoren auf eine Koinzidenzstufe (Abb. 3) geführt.

Das gesamte Detektorsystem befindet sich in einer 5 cm dicken Bleiabschirmung, in der der obere Detektor an einem Seilzug mit Gegengewicht beweglich aufgehängt ist. Im mittleren Teil der Abschirmung ist eine rollengelagerte Tür in Form eines halben Hohlzylinders angebracht, die den Wechsel der Strahlungsquellen ermöglicht. Zur Vermeidung von Lichteinfall sind die Kanten des Türfutters mit schwarzem Samt ausgekleidet. Außerdem befindet sich zum Schutze der SEV vor Lichteinfall während des Betriebes an der Tür ein Hebelmechanismus, der noch vor

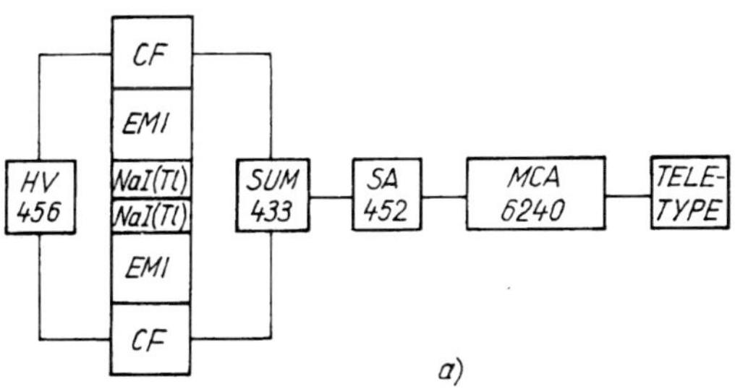

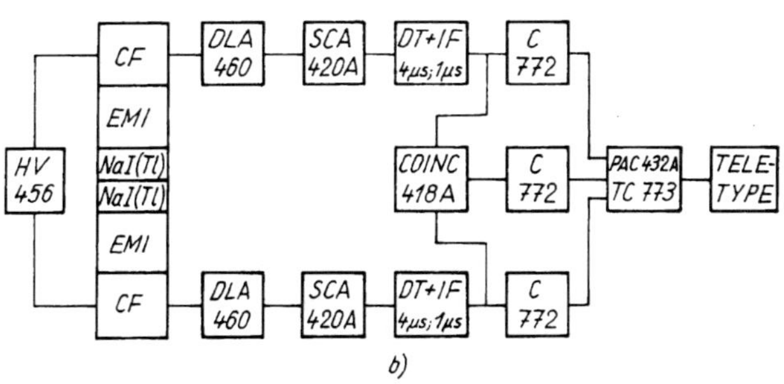

Abb. 3. Blockschaltbilder der Impulsverarbeitung
a) im 4π-Summationsbetrieb
b) bei Koinzidenzmessungen mit einer Koinzidenzstufe
HV-Hochspannungsversorgung; CF – Katodenfolger; SA – Spektroskopieverstärker; DT – Totzeitstufe; IF – Impulsformer; C – Zählgerät; SUM – Summierstufe; MCA – Vielkanalanalysator; DLA – Verzögerungsverstärker; SCA – Einkanalanalysator; PAC – Ausdruckstufe; TC – Zeitgeberstufe

dem eigentlichen Öffnen der Tür die Hochspannung der SEV automatisch abschaltet.

Der elektronische Teil der Meßeinrichtung besteht mit Ausnahme der Totzeitstufen (ASMW-Eigenentwicklung [4]) aus kommerziellen Baugruppen, die gleichzeitig auch Bestandteil einer anderen Normalmeßeinrichtung des ASMW, der 4πβ-γ-Koinzidenzmeßeinrichtung [5], sind.

3. Grundsätzliche Meßmöglichkeiten

Mit der beschriebenen 4πX-Meßeinrichtung können an geeignet hergestellten Meßstrahlungsquellen Aktivitätsmessungen nach folgenden Meßmethoden durchgeführt werden:

- 4πX-Zählung
- 4πγ-Zählung
- X-X-Koinzidenzmethode
- X-γ-Koinzidenzmethode
- γ-γ-Koinzidenzmethode
- 4π-Summenkoinzidenzmethode bei Strahlern mit X-X-, X-γ- oder γ-γ-Kaskade.

Die ersten beiden Methoden erfordern Kristalle, deren Dicke zur Totalabsorption der zur Registrierung vorgesehenen Quanten ausreicht. Das sind im Falle von NaI(Tl) für Quantenstrahlung bis 22 keV 2 mm, bis 70 keV 3 mm, bis 100 keV 8 mm [7]. Beim Nachweis von γ-Quanten ergibt sich daraus eine Einschränkung auf γ-Übergänge niedriger Energie, da bei Quantenenergien über 200 keV unpraktikable Kristalldicken erforderlich werden und das Peak/Tal-Verhältnis zunehmend ungünstiger wird. Für diese Methode wird ein Impulshöhenanalysator benötigt, der die zur Registrierung vorgesehenen Photopeaks der Röntgen- bzw. γ-Quanten getrennt auszublenden gestattet. Man kann sie nur bedingt als Absolutmethoden bezeichnen, da zur Berechnung der Aktivität aus den gemessenen 4π-Zählraten die Emissionswahrscheinlichkeiten der Quanten bekannt sein müssen. Im Falle der Zählung der K-Röntgenquanten eines Elektroneneinfangstrahlers ohne γ-Emission (bzw. mit vernachlässigbar wenig konvertiertem γ-Übergang) ist die K-Quanten-Emissionswahrscheinlichkeit einfach $p_K \omega_K$, wobei p_K die K-Einfangwahrscheinlichkeit und ω_K die K-Fluoreszenzausbeute sind. Absorptionskorrekturen können bei massearmem Aufbau der Meßstrahlungsquellen sehr klein gehalten werden. Korrektionen für Nulleffekt und Totzeitverluste sind in der bei 4π-Zählmethoden üblichen Weise anzubringen.

Die drei genannten Koinzidenzmethoden sind im allgemeinen weitgehend unabhängig von Kerndaten und können daher sehr gut zur absoluten Aktivitätsbestimmung eingesetzt werden. Dies gilt auch für die zuletzt aufgeführte Summenkoinzidenzmethode im Falle von ^{125}I, wo Kerndaten nur sehr unkritisch eingehen. Beispiele für koinzidente Quantenpaare sind:

- ein K-Röntgenquant eines K-Einfangprozesses und ein K-Röntgenquant eines inneren Konversionsprozesses (IC) des koinzident folgenden γ-Überganges (KX(EC)-KX(IC)-Koinzidenzmethode)
- ein K-Röntgenquant eines K-Einfangprozesses und ein koinzidentes Gammaquant (KX-γ-Koinzidenzmethode)
- zwei γ-Quanten einer γ-Kaskade mit geringer Lebensdauer des Zwischenniveaus ($< 10^{-7}$ s) (γ-γ-Koinzidenzmethode).

Werden die Partner eines koinzidenten Quantenpaares in verschiedenen Kristallen detektiert, so können sogenannte äußere Koinzidenzen elektronisch registriert werden. Die so ermittelte Koinzidenzzählrate dient dann in Verbindung mit den zugehörigen, gleichzeitig registrierten Einzelzählraten des oberen und des unteren Kristalls als Grundlage zur Ermittlung der Aktivität der untersuchten Meßstrahlungsquelle.

Summenkoinzidenzen entstehen beim Nachweis beider Partner eines genetisch verbundenen koinzidenten Quantenpaares in ein und demselben Detektor (sogenannte innere Koinzidenzen). Sie führen zu Summenimpulsen, die mit Hilfe eines Vielkanalanalysators getrennt von den „Einfach-Impulsen" nachgewiesen werden. Die Impulsraten des Summenimpuls- und des Einfachimpuls-Peaks dienen dann als Grundlage zur Bestimmung der Aktivität. 4π-Geometrie ist hierbei eine günstige, jedoch keine methodisch notwendige Voraussetzung.

Im folgenden Abschnitt werden an einem praktischen Beispiel zwei der Meßmethoden näher erläutert. Auf ihrer Grundlage erfolgte die Erprobung der im ASMW aufgebauten Meßeinrichtung als Normalmeßeinrichtung zur Darstellung der Einheit der Aktivität von Elektroneneinfangstrahlern.

4. Messung der Aktivität von ^{125}I-Strahlungsquellen

Im folgenden werden Messungen zur Bestimmung der Aktivität von ^{125}I-Strahlungsquellen nach der Summenkoinzidenzmethode [8, 9] und der X(EC)-X(IC), γ-Koinzidenzmethode [10, 11] mit Anordnungen gemäß Abb. 3a bzw. 3b beschrieben.

Abb. 4 zeigt das Zerfallsschema von ^{125}I. Dem 100%igen Elektroneneinfang folgt koinzident ein stark konvertierter γ-Übergang.

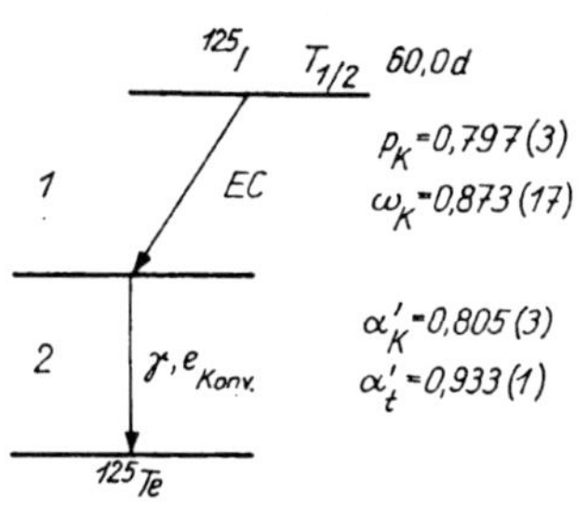

Abb. 4. Zerfallsschema von ^{125}I

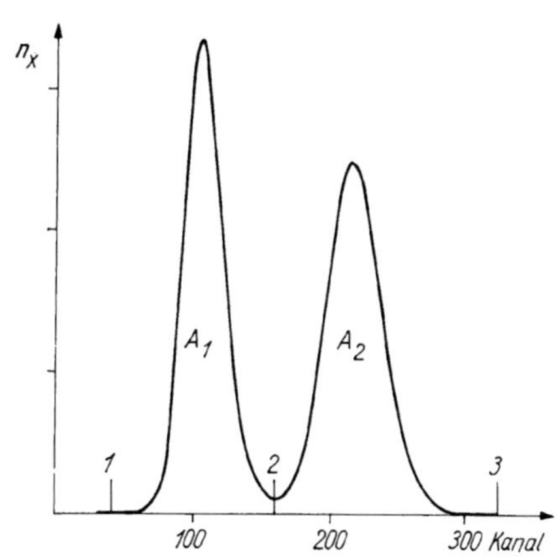

Abb. 5. Impulshöhenverteilung, gemessen mit einer ^{125}I-Strahlungsquelle im 4π-Summationsbetrieb unter Verwendung von zwei NaI(Tl)-Kristallen von 5 mm Dicke

4.1. *Summenkoinzidenzmethode*

Das in 4π-Geometrie aufgenommene Impulshöhenspektrum zeigt zwei Peaks (Abb. 5). Der A_1-Peak wird durch einzeln registrierte KX- bzw. γ-Quanten erzeugt, die wegen des geringen energetischen Auflösungsvermögens der Szintillationsdetektoren bei der geringen Energiedifferenz beider Quantenarten (KX: 27,5 bis 31,8 keV; γ: 35,48 keV [12, 13]) nicht getrennt werden.

Der A_2-Peak enthält Summenimpulse von genetisch verbundenen, koinzidenten KX(EC)-KX(IC)- bzw. KX(EC)-γ-Quantenpaaren.

Für die Zählraten $n(A_1) = n_1$ und $n(A_2) = n_2$ der beiden Peaks gilt:

$$n_1 = \{p_K[\omega_K\varepsilon_K(1-\varkappa) + \varkappa(1-\omega_K\varepsilon_K)] + (1-p_K)\varkappa\}N_0 \quad (1)$$

$$n_2 = p_K\omega_K\varepsilon_K\varkappa N_0 \quad (2)$$

wobei

$$\varkappa = \alpha'_K\omega_K\varepsilon_K + (1-\alpha'_t)\varepsilon_\gamma$$

$$\alpha'_K = \alpha_K/(1+\alpha_t)$$

$$\alpha'_t = \alpha_t/(1+\alpha_t)$$

p_K K-Einfangwahrscheinlichkeit von ^{125}I
ω_K K-Fluoreszenzausbeute von Te
α_K K-Konversionskoeffizient des 35,48-keV-Überganges
α_t totaler Konversionskoeffizient des 35,48-keV-Überganges
ε_K Nachweiswahrscheinlichkeit der KX-Quanten
ε_γ Nachweiswahrscheinlichkeit der γ-Quanten
N_0 Aktivität der Strahlungsquelle

sind.

Der erste Term in n_1 beschreibt die K-Einfang-Röntgenquanten sowie die K-Konversions-Röntgenquanten und γ-Quanten, die nicht zu Summenimpulsen des A_2-Peaks beitragen.

Der zweite Term in n_1 beschreibt die K-Konversions-Röntgenquanten und γ-Quanten, die auf L- und M-Einfangprozesse folgen. Diese können nur mit den in geringer Häufigkeit auftretenden L-Einfang-Röntgenquanten $((\omega_M \approx 0)\ E_{LX} \approx 3{,}3$ bis $4{,}9$ keV) Summenimpulse bilden, tragen aber in jedem Fall zur Fläche des A_1-Peaks bei. Die Summenkoinzidenzrate n_2 bedarf keiner besonderen Erläuterung.

Aus Gl. (1) und Gl. (2) ergibt sich sofort:

$$n_1 + 2n_2 = (p_K\omega_K\varepsilon_K + \varkappa)N_0 \quad (3)$$

Aus (2) und (3) folgt damit für die gesuchte Aktivität N

$$N_0 = \frac{1}{2 + (p_K\omega_K\varepsilon_K/\varkappa) + (\varkappa/p_K\omega_K\varepsilon_K)} \cdot \frac{(n_1+2n_2)^2}{n_2} \quad (4)$$

Bei Totalabsorption der KX- und γ-Strahlung bzw. Vernachlässigung der infolge der geringen Energiedifferenz kaum unterschiedlichen Absorption kann man $\varepsilon_K = \varepsilon_\gamma$ setzen und hat dann speziell bei ^{125}I

$$N_0 = \mu_0 \frac{(n_1+2n_2)^2}{n_2} \quad (5)$$

mit

$$\mu_0 = \frac{1}{2 + x + (1/x)} = 0{,}2494 \pm 0{,}0004 \quad (6)$$

berechnet unter Verwendung der z. Z. zuverlässigsten Konstanten [12, 13], wobei

$$x = p_K\omega_K/(\alpha'_K\omega_K + (1 - \alpha'_t)) \tag{7}$$

ist.

Ein wesentlicher Vorteil der hier beschriebenen 4πX-Meßeinrichtung ist der hohe Anteil an Summenimpulsen und damit die etwa gleiche Größe von A_1- und A_2-Peak, wodurch eine exakte Peakzerlegung sehr erleichtert wird und mit einer Unsicherheit von nur $\pm 0{,}1\%$ durchgeführt werden kann. Bei großem A_1/A_2-Verhältnis ist dagegen die Peakzerlegung mit einer wesentlich größeren Unsicherheit behaftet.

Ein störender Effekt bei der Anwendung der Summenkoinzidenzmethode ist die Aufstockung nicht genetisch verbundener Quantenpaare (pile-up-Effekt), die zu einer Abnahme der Zählrate n_1 und einer Zunahme der Zählrate n_2 führt. Bei einer Fußpunktbreite der Detektorimpulse von $\tau \approx 1\ \mu s$ und Zählraten von $n_1 \approx n_2 \approx 10^3\ s^{-1}$ bleiben die hierfür erforderlichen apparativen Korrekturen unterhalb 0,1%. Zur Vermeidung größerer Korrekturen ist es zweckmäßig, mit Quellen hinreichend niedriger Aktivität ($\approx 10^3$ Bq) zu arbeiten und durch Wahl einer angenäherten 4π-Geometrie den Anteil an echten inneren Koinzidenzen gegenüber zufälligen, durch Aufstockung hervorgerufenen Koinzidenzen zu vergrößern. Die im vorliegenden Falle realisierte 4π-Geometrie des Detektorsystems stellt unter diesem Aspekt eine vorteilhafte Variante dar.

4.2. *X(EC)-X(IC), γ-Koinzidenzmethode*

Die zweite Methode zur Bestimmung der Aktivität von ^{125}I-Strahlungsquellen basiert auf der Messung von äußeren Koinzidenzen mit Hilfe einer Koinzidenzstufe. Diese Methode ist auch bei ^{197}Hg anwendbar [10, 14]. Bei der Aktivitätsmessung ordnet man die Strahlungsquelle in der Mitte zwischen zwei optisch getrennten Szintillationsdetektoren gleicher Abmessungen an, deren Impulse elektronisch auf Koinzidenz untersucht werden. Um einen unnötig hohen Nulleffekt zu vermeiden, wählt man die Dicke der Kristalle (NaI(Tl), CsI(Tl) oder CsI(Na)) nicht größer, als es zum vollständigen Nachweis der zu messenden Quantenstrahlung notwendig ist.

Ausgehend vom Zerfallschema des ^{125}I (Abb. 4) und einer in der Mitte zwischen beiden Szintillationskristallen angeordneten Strahlungsquelle mit der Aktivität N_0 gelangt man zu folgenden Zählratengleichungen für die Zählraten der beiden Einzelkanäle n_1, n_2 und des Koinzidenzkanals n_K:

$$\left.\begin{aligned} n_1 &= [\varepsilon_{11} + \varepsilon_{12}(1 - \varepsilon_{11})]\,N_0 \\ n_2 &= [\varepsilon_{21} + \varepsilon_{22}(1 - \varepsilon_{21})]\,N_0 \\ n_K &= [\varepsilon_{11}\varepsilon_{22} + \varepsilon_{21}\varepsilon_{12}]\,N_0 \end{aligned}\right\} \tag{8}$$

wobei N_0 die Aktivität der Strahlungsquelle und ε_{ij} die Zählnachweiswahrscheinlichkeit für den i-ten Übergang im j-ten Detektor ist. Bei einem symmetrischen Aufbau des Systems Detektor 1-Meßstrahlungsquelle-Detektor 2 und gleichen Einstellungen von Gesamtverstärkung und Diskriminatorschwelle in beiden Kanälen (an Hand von $n_1 \approx n_2$ kontrollierbar) kann man die Zählnachweiswahrscheinlichkeiten für die Übergänge 1 und 2 in beiden Kanälen einander gleichsetzen, d. h.

$$\left.\begin{aligned} \varepsilon_{21} &= \varepsilon_{11} = \varepsilon_1 \\ \varepsilon_{22} &= \varepsilon_{12} = \varepsilon_2 \end{aligned}\right\} \tag{9}$$

Unter dieser Voraussetzung ergibt sich aus den Gleichungen (8) für die gesuchte Aktivität N_0:

$$N_0 = \mu_1[n_1 + (n_K/2)]\,[n_2 + (n_K/2)]/n_K \tag{10}$$

mit dem Zerfallsschemakorrektionsfaktor

$$\mu_1 = \left[1 + \frac{1}{2}\left(\frac{\varepsilon_1}{\varepsilon_2} + \frac{\varepsilon_2}{\varepsilon_1}\right)\right]^{-1} \tag{11}$$

Im vorliegenden Fall gilt bei Benutzung der bereits oben eingeführten Symbole

$$\varepsilon_1 = p_K\omega_K\varepsilon_K \tag{12}$$

$$\varepsilon_2 = \alpha'_K\omega_K\varepsilon_K + (1 - \alpha'_t)\,\varepsilon_\gamma \tag{13}$$

$$\frac{\varepsilon_1}{\varepsilon_2} = \frac{p_K\omega_K}{\alpha'_K\omega_K + (1 - \alpha'_t)\,(\varepsilon_\gamma/\varepsilon_K)} \tag{14}$$

Da infolge des hohen totalen Konversionskoeffizienten des 35,48-keV-Überganges in ^{125}Te der zweite Term im Nenner von Gl. (14) bedeutend kleiner als der erste ist, geht $\varepsilon_\gamma/\varepsilon_K$ nur unkritisch in Gl. (14) ein. Legt man die Diskriminatorschwelle in das Tal unterhalb des A_1-Peaks, dann kann wegen der angenähert gleichen Energie der γ-Quanten und K-Röntgen-Quanten bei hinreichend dicken NaI(Tl)-Kristallen und gleicher Geometrie bezüglich jedes Kristalls $\varepsilon_\gamma = \varepsilon_K$ gesetzt werden. Damit ergibt sich für $x = \varepsilon_1/\varepsilon_2$ der bereits durch Gl. (7) definierte Ausdruck und somit $\mu_1 = 2\mu_0 = 0{,}4988 \pm 0{,}0008$.

4.3. *Durchführung der Messungen*

Zur Messung der Aktivitätskonzentration einer ^{12}/I-Lösung wurden aus einer quantitativ hergestellten Verdünnung dieser Lösung 6 Meßstrahlungsquellen mit Werten der Aktivität von etwa 1 bis 3 kBq angefertigt. Dabei wurden ein, zwei oder drei Tropfen der Verdünnung in die Mitte einer Aluminiumfolie von 38 mm Durchmesser und 7 μm Dicke aufgetropft, auf der sich schon ein Tropfen Polyvinylacetat („Latex" farblos, 1:5 mit 0,01 N NH_4OH verdünnt) befand. Der Durchmesser des aktiven Flecks betrug jeweils 6 bis 7 mm. Die Bestimmung der Tropfenmasse (10 bis 30 mg) erfolgte mittels Differenzwägung eines Polyäthylenpyknometers auf einer Mikrowaage mit einer Meßunsicherheit von etwa ± 15 μg. Mit jeder Quelle wurden nach beiden Methoden jeweils 10 Messungen zu je 1000 s durchgeführt. Bei der Summenkoinzidenzmethode diente zur Ermittlung der Flächeninhalte der Peaks A_1 und A_2 in den Grenzen, wie sie in Abb. 5 angegeben sind, ein Vielkanalanalysator. Die Flächeninhalte beider Peaks waren etwa gleichgroß. Bei der X(EC)-X(IC), γ-Koinzidenzmethode wurde durch entsprechende Wahl der Diskriminatorschwellen in den Einzelzählraten n_1 und n_2 der Gesamtinhalt beider Peaks erfaßt. Die Werte der Totzeit betrugen in den beiden Kanälen $\tau_T = (4{,}006 \pm 0{,}018)$ μs, der Wert der Koinzidenzauflösungszeit war $\tau_K = (1{,}043 \pm 0{,}006)$ μs

4.4. *Ergebnisse der Messungen*

Zunächst wurde der Nulleffekt separat ermittelt und von den betreffenden Zählraten subtrahiert. Er ist dank der Bleiabschirmung von der Größenordnung 0,5 s^{-1} und damit sehr klein im Vergleich zu den Zählraten. Die Berechnung der Aktivität der Meßstrahlungsquellen erfolgte nach den Formeln

$$N_0 = \mu_0[(n_1 + 2n_2)^2/n_2]\,(1 + n_1 c\tau) \tag{15}$$

$$N_0 = 2\mu_0\,\{[n_1 + (n_K/2)]\,[n_2 + (n_K/2)]/n_K\} \times (1 + a n_K \tau_T + b N_0 \tau_K) \tag{16}$$

mit dem oben angeführten Zahlenwert von μ_0 und den experimentell aus der Aktivitäts- bzw. Zeitkonstantenabhängigkeit ermittelten Parametern $a = 0{,}8 \pm 0{,}3$, $b = 1{,}0 \pm 0{,}3$, $c\tau = (1{,}0 \pm 0{,}3)$ µs.*)

Die Aktivitätskonzentration wurde aus den für N_0 bestimmten Werten und den zugehörigen Tropfenmassen berechnet.

Tab. 1. Resultate der Bestimmung der Aktivitätskonzentration c_A einer ^{125}I-Lösung und zugehörige Meßunsicherheit δ für $P = 99\%$

Meßmethode	c_A MBq/g	δ %
Spektrometr. Summenkoinzidenz	0,5210	1,3
X(EC)-X(IC), γ-Koinzidenz	0,5214	1,0

Die nach beiden Methoden erhaltenen Resultate der Bestimmung der Aktivitätskonzentration der ^{125}I-Lösung sind in Tab. 1 zusammengestellt und zeigen eine ausgezeichnete Übereinstimmung. Die angegebenen Meßunsicherheiten gelten für $P = 99\%$.

5. Meßbereich und Meßunsicherheit

Mit der beschriebenen Meßeinrichtung können Aktivitätsbestimmungen an Strahlungsquellen von zahlreichen Elektroneneinfangstrahlern, wie z.B. ^{109}Cd, ^{125}I, ^{139}Ce, ^{197}Hg und ^{207}Bi, ausgeführt werden. Die Meßunsicherheit der dabei erhaltenen Aktivitätswerte hängt wesentlich davon ab, in welchem Umfang Kerndaten in die Auswertung eingehen, und kann allgemein mit etwa $\pm 2\%$ angesetzt werden.

Der Meßbereich wird nach unten durch den Nulleffekt, nach oben durch Totzeitverluste und zufällige Koinzidenzen bzw. pile-up-Effekte eingeschränkt und beträgt etwa 10^2 bis 10^4 Bq, für optimale Meßbedingungen 10^2 bis 10^3 Bq.

6. Diskussion

Die im Abschnitt 3 angeführten Meßmöglichkeiten sowie insbesondere die Resultate der im Abschnitt 4 beschriebenen Messungen rechtfertigten, daß die im ASMW entwickelte 4πX-Meßeinrichtung mit in den Satz der Normalmeßeinrichtung aufgenommen wurde, die gemeinsam das Staatliche Etalon der Einheit der Aktivität von festen und flüssigen radioaktiven Strahlungsquellen bilden [6].

Im Hinblick auf optimale Meßbedingungen spielt neben der Präparation geeigneter Meßstrahlungsquellen die Wahl guter Szintillationsdetektoren (hohes spektrometrisches Auflösungsvermögen, minimale Totschicht der Oberfläche, geringe Absorption des Eintrittsfensters, Anpassung des Emissionsmaximums an das Empfindlichkeitsmaximum des möglichst rauscharmen SEV, Anpassung der Kristalldicke an die Energie der total zu absorbierenden Strahlung) eine große Rolle. Spezielle Probleme, die für eine 100%ige Quantennachweiswahrscheinlichkeit in den Szintillationsdetektoren bedeutsam sind, findet man in der Arbeit von *Plch* et al. [1] ausführlicher behandelt. Hierzu gehören u. a. Verluste durch Elektronen- und Quanten-Escape, Streuung, Absorption in der Quelle, Geometrieverluste durch eine nachweistote Oberflächenschicht.

Mit der 4πX-Meßeinrichtung sind die Meßmöglichkeiten des ASMW auf dem Gebiet der Absolutmessung der Aktivität radioaktiver Strahlungsquellen wesentlich erweitert worden, was für den Anwender in der Isotopenproduktion, Nuklearmedizin und anderen Bereichen der Volkswirtschaft eine Erweiterung der Palette von Nukliden bedeutet, für die durch das ASMW radioaktive Normallösungen bereitgestellt werden können [15].

Abschließend sei noch darauf hingewiesen, daß die entwickelte Meßeinrichtung auch für relative Aktivitätsmessungen von Strahlungsquellen mit X- und/oder γ-Quantenemission geeignet ist. Der Meßbereich hierbei reicht von etwa 10 Bq bis 10^5 Bq in 4π-Geometrie und kann in symmetrischer ,,2-Detektor-Geometrie" [16], d. h. bei auseinander gefahrenen Szintillationsmeßköpfen, bis auf etwa 10^7 Bq erweitert werden. Notwendige Vorbedingung für derartige Relativmessungen ist selbstverständlich ein gleichartiger Aufbau der zu vergleichenden Strahlungsquellen.

Eingegangen am 23. 7. 1980

*) Auf die rechnerische Berücksichtigung apparativer Korrekturen kann verzichtet werden, wenn Strahlungsquellen verschiedener Tropfenmasse aus der gleichen Lösung hergestellt werden und die nach den Gleichungen (5) bzw. (10) berechneten unkorrigierten Aktivitätswerte auf die Tropfenmasse Null extrapoliert werden.

Literatur

[1] *J. Plch, J. Zderadička, L. Kokta,* Int. J. appl. Rad. Isotopes **24** (1973) 407

[2] *M. R. Hutchinson, S. B. Garfinkel,* Int. J. appl. Rad. Isotopes **22** (1971) 405

[3] *V. I. Baranovskij, G. M. Gordinskij,* Izvestija Akad. Nauk SSSR, Ser. Fiz. **24** (1960) 513

[4] *K. H. Rhein, E. Schönfeld,* Isotopenpraxis **14** (1978) 25

[5] *E. Schönfeld,* Isotopenpraxis **7** (1971) 262

[6] TGL 31542/09 Staatliche Etalons; Staatliches Etalon der Einheit der Aktivitäten von festen und flüssigen radioaktiven Strahlungsquellen

[7] *R. C. Sharma, S. P. Garg, S. Somasundaram,* Nucl. Instr. Methods **101** (1972) 413

[8] *J. S. Eldrige, P. Crowther,* Nucleonics **22** (1964) Nr. 6, 57

[9] *L. Erbeszkorn, L. Szokolyi, A. Szöernyi, K. Zsdansky,* Atomtechnikai Tajekoztato **7** (1968) 358

[10] *J. G. V. Taylor,* in ,,Standardization of Radionuclides", Proc. Symp. Vienna, IAEA, 10.–14. Oct. 1966, Rep. SM-79/65

[11] *D. L. Horrocks, R. P. Klein,* Nucl. Instr. Methods **124** (1975) 585

[12] *Y. Le Gallic, J. Legrand, F. Lagoutine,* Table des Radionuclides, Gif sur Yvette, 1976

[13] *F. Tolea, K. R. Baker, W. D. Schmidt-Ott, R. W. Fink,* Z. Physik **268** (1974) 289

[14] *J. Plch, J. Zderadička, I. Bucina,* Radioisotopy **12** (1971) 131

[15] *H. Rothe, H. Greupner, R. Brust, E. Schönfeld,* Isotopenpraxis **13** (1977) 262

[16] *H. Greupner, K. Groche,* Isotopenpraxis **15** (1979) 214

Bereitstellung absolut angeschlossener Normalstrahlungsquellensätze für die praxisorientierte Weitergabe der Aktivitätseinheit*)

K.-H. Sucker, E. Schönfeld, R. Brust, H. Greupner, H. Rothe

(Amt für Standardisierung, Meßwesen und Warenprüfung, Fachabteilung Ionisierende Strahlung)[1]

Für den rationellen Anschluß von umschlossenen γ-Strahlungsquellen und von β-Flächenstrahlungsquellen, die in der Praxis als Referenznormale eingesetzt werden, an die Aktivitätseinheit wurden im ASMW mehrere Sätze von Sekundärnormalstrahlungsquellen mit abgestuften Aktivitätswerten geschaffen. Sie wurden hinsichtlich ihres geometrischen und stofflichen Aufbaus so konzipiert, daß sie den anzuschließenden Strahlungsquellen völlig entsprechen oder in geeigneter Weise so verändert werden können, daß bei den Anschlußmessungen mittels Relativmeßverfahren bestimmte Korrektionen, z. B. hinsichtlich Selbst- und Hüllenabsorption bei γ-Quellen, vermieden oder, z. B. hinschtlich Absorption in der Abdeckung und Rückstreuung an der Unterlage bei β-Flächenquellen, meßtechnisch eliminiert werden können.
Es wird für je einen γ- bzw. β-Strahlungsquellensatz die Herstellung der Strahlungsquellen und das Verfahren des Absolutanschlusses an das Primärnormal der Aktivitätseinheit beschrieben sowie ein Überblick über die im ASMW vorhandenen Normalstrahlungsquellensätze nach Nuklidart, Quellentyp, Aktivitätswerten, Aufbau und erreichten Meßunsicherheiten gegeben.

Keywords

absolute counting; beta sources; calibration standards; gamma sources; radioactivity; source preparation

1. Einleitung

Die Übertragung der Aktivitätseinheit Becquerel (Bq) vom Primärnormal auf Referenznormale erfolgt für langlebige Nuklide durch Anschluß an Sekundärnormalstrahlungsquellen dieser Nuklide mittels ionometrischer Relativmeßverfahren. Die dabei im ASMW angewandte Meßmethodik ist in [1] ausführlich für die Messung an umschlossenen γ-Strahlungsquellen beschrieben worden und gilt sinngemäß auch für die Messung an β-Flächenstrahlungsquellen.

Bei Aktivitätsbestimmungen, bei den der Idealfall der Relativmessung vorliegt, d. h. Quellenkonfiguration, Hauptnuklid und Meßgeometrie bei beiden Quellen sind gleich, erhält man aus der Beziehung für den Aktivitätswert einer Quelle

$$A = \frac{I - I_0}{\varepsilon} \cdot K_Q \cdot K_H \cdot K_F \cdot K_R \cdot K_p$$

mit A: Aktivität
I: Ionisationsstrom der Kammer bei Messung der Quelle (Meßeffekt)
I_0: Nullstrom der Kammer (Nulleffekt)
ε: Effektivität des Detektors
K_Q, K_H, K_F, K_R, K_p: Korrektionsfaktoren für Selbst-, Hüllen-, Fassungsabsorption, Rückstreuung und für andere Nuklidanteile

die relativ einfache Gleichung

$$A_x = A_n \cdot \frac{I_x - I_0}{I_n - I_0} K'_p = A_n \cdot V(x, n) \cdot K'_p \qquad (1)$$

mit A_x, A_n: Aktivität der zu prüfenden Quelle (Prüfquelle; Index x) bzw. der als Normal dienenden Quelle (Normalquelle; Index n)
I_x, I_n: Meßeffekt der Prüfquelle bzw. Normalquelle
I_0: Nulleffekt
K'_p: Korrektionsfaktor für unterschiedliche Anteile der Verunreinigung durch andere Nuklide.

Um beim Anschluß von Referenznormalen der Anwender an die Sekundärnormale des ASMW möglichst häufig diesen Idealfall verwirklichen zu können, wurde für den Aufbau der γ-Sekundärnormalquellensätze auch die Form industrieller Strahlungsquellen (z.B. der Typ LAB für ^{137}Cs) ausgewählt.

Im Falle der β-Flächenstrahlungsquellen wurde ein Aufbau der Quellen gewählt, der es erlaubt, Rückstreuung und Absorption in der Abdeckfolie variabel zu gestalten, um auf diese Weise eine weitgehende Angleichung der Parameter des Aufbaus von Normal- und Prüfquelle herbeiführen zu können. Für beide Arten dieser Strahlungsquellen werden im folgenden anhand je eines Beispieles die Quellenherstellung und der Anschluß an das Primärnormal der Aktivitätseinheit beschrieben sowie die wichtigsten Quellenparameter angegeben.

2. Herstellung der Normalstrahlungsquellsätze

2.1. *Gamma-Normalstrahlungsquellen*

Die Herstellung des Satzes von umschlossenen ^{137}Cs-Normalstrahlungsquellen in Quellenfassungen vom Typ LAB erfolgt in folgenden Schritten:

1. Herstellung eines Satzes von vollständig konfektionierten Quellen mit im Verhältnis 1:3 abgestuften Nennaktivitäten A_i (Satzquellen);
2. Herstellung von drei Quellen gleichen Aufbaus wie die Satzquellen, jedoch ohne hermetischen Verschluß der Quellenfassung, damit der aktive Quellenkörper nach der Messung noch aus der Quellenfassung entnommen werden kann, wobei diese Quellen untereinander gleiche Nennaktivitäten von $A_j \approx 0{,}2$ GBq mit j = I, II, III haben (Bezugsquellen);

---

*) Vortrag, vorgelegt auf dem „Internationalen Erfahrungsaustausch auf dem Gebiet der Messung ionisierender Strahlung", veranstaltet vom ASMW vom 13.–16. Mai 1980 in Berlin

[1]) Anschrift: 1162 Berlin, Fürstenwalder Damm 388

3. Bestimmung der jeweils drei Ionisationsstromverhältnisse $V(I_i, I_j)$ bzw. der Aktivitätsverhältnisse $V(A_i, A_j)$ für jede Satzquelle unter Verwendung der Beziehung (1) mittels der ionometrischen Meßeinrichtungen nach der in [1] beschriebenen Meßmethodik;
4. Überführung der aktiven Substanz der Bezugsquellen in Lösung (Masse der radioaktiven Lösungen m_j);
5. Ermittlung der nicht in Lösung übergegangenen Restaktivität an den einzelnen Teilen der Bezugsquellen und Erfassung in Form eines Korrektionsfaktors f_{R_j};
6. Herstellung einer Meßlösung für die absolute Aktivitätsbestimmung durch gravimetrische Verdünnung dieser drei radioaktiven Lösungen mit Verdünnungsfaktoren f_{v_j};
7. Herstellung von je fünf Meßquellen mit den Massen m_{jl} aus jeder Meßlösung für die Absolutmessung;
8. absolute Aktivitätsbestimmung dieser Meßquellen nach der Efficiency-Tracer-Technique [2] mit der 4π-(α,β,EC)-γ-Koinzidenzmeßeinrichtung, die zum Staatlichen Etalon der Einheit der Aktivität von festen und flüssigen radioaktiven Strahlungsquellen gehört [3], und Ermittlung der Aktivitätskonzentration c_j der Meßlösungen;
9. Berechnung der Aktivitäten A_j der drei Bezugsquellen nach

$$A_j = c_j \cdot f_{v_j} \cdot m_j \cdot f_{R_j} \cdot f_p \quad (2)$$

mit f_p als Korrektionsfaktor für die ^{134}Cs-Verunreinigung;

10. Berechnung der Aktivitäten der Satzquellen als gewichtetes Mittel nach

$$A_i = \frac{\sum_{j=1}^{3} g_j A_j V(A_i/A_j)}{\sum_{j=1}^{3} g_j} \quad (3)$$

mit Gewichtsfaktoren g_j, die als Summe der reziproken Quadrate der zufälligen Fehleranteile der $V(A_i, A_j)$- und A_j-Werte berechnet werden.

Die Berechtigung für die Anwendung der Beziehung (3) für die Aktivitätsbestimmung, d. h. für die Gleichsetzung aller Korrektionsfaktoren bei den Satz- und den Bezugsquellen, ließ sich auch daraus ableiten, daß die Aktivitätsverhältnisse für die Bezugsquellen, die aus den ionometrisch bestimmten $V(A_i, A_j)$-Werten und die aus den absolut bestimmten Aktivitäten A_j gebildet werden können, sich maximal nur um ±0,2% unterschieden. Dieser Fehlerbetrag wurde als systematischer Fehleranteil in die Meßunsicherheit der A_i-Werte der Satzquellen, die bei ±1,4% (für $P = 95\%$) lag, einbezogen.

Nachdem die Korrektionsfaktoren für die Selbstabsorption (K_Q), die Absorption in der Hülle (K_H) und in der Fassung (K_F), für die Rückstreuung (K_R) und für unterschiedliche Nuklidanteile (K_p) in bezug auf zwei Meßgeometrien und bei vorgegebener Detektorfilterung im ASMW bestimmt worden sind, worauf im Rahmen dieses Beitrags nicht näher eingegangen werden soll (ausführliche Informationen hierzu s. [4]), steht der Quellensatz auch für den relativen Aktivitätsanschluß von Strahlungsquellen mit unterschiedlichem Aufbau und verschiedenen Nuklidanteilen zur Verfügung.

Die vom Detektor und der Meßgeometrie abhängigen Korrektionsfaktoren für den Quellentyp LAB (Fassung mit Halterung aus Edelstahl vom Typ X8CrNiTi, Quellenkörper aus Keramik) sind in Tab. 1 zusammengestellt.

Die Korrektionsfaktoren bei Messungen im begrenzten Raumwinkel gelten dabei nur bei radialer Abstrahlung von der zylinderförmigen Quelle.

Tab. 1. Korrektionsfaktoren für γ-Sekundärnormalstrahlungsquellen vom LAB-Typ

Detektor	Kugelionisationskammer	Zylinderionisationskammer
Meßraumwinkel	4π	≈ π/100
Detektorfilterung	Blei, 2 cm	Blei, 0,5 cm
$\varepsilon_{Cs134}/\varepsilon_{Cs137}$	3,30	2,54
Korrektionsfaktor		
K_Q	1,012	1,009
K_F	1,048	1,033
K_H	1,054	1,025
K_R	1,000	0,998
K_p(^{134}Cs-Anteil von 1,25%)	0,969	0,960

2.2. *Beta-Flächennormalstrahlungsquellen*

Die Herstellung eines Satzes von ^{90}Sr/^{90}Y-Flächennormalstrahlungsquellen erfolgt nach den bereits in [5] beschriebenen Verfahren:

1. Bespannen von rechteckigen Kunststoffrahmen mit Kunststoffolien der Dicke $d_R = 30\ \mu m$ und mit einer Fläche von $F_Q = 13\ cm \times 18\ cm = 234\ cm^2$, die mit einem strichförmigen Raster aus wasserabweisendem Material von 0,6 cm × 0,6 cm versehen sind ($k = 660$ Rasterfelder), welches das Ineinanderlaufen der aufgebrachten Tropfen verhindern soll;
2. Herstellung von radioaktiven Lösungen mit verschiedenen Aktivitätskonzentrationen c_i entsprechend den zu erzielenden Flächenaktivitäten;
3. Aufbringen von je einem Tropfen entsprechender Lösung mit einer Meßpipette auf jedes Rasterfeld mit möglichst konstanten Tropfenmassen m, d. h. konstanter Aktivität $A_i = c_i m$;
4. Herstellung von Meßquellen auf gleiche Art wie bei den Gammastrahlungsquellen nach jedem 30. Rasterfeld, wobei $A_{il} = c_i m_l$;
5. Abdeckung der gesamten Fläche nach Eintrocknung der Lösung mit einer Kunststoffolie der Dicke $d_F = 30\ \mu m$;
6. absolute Aktivitätsbestimmung der Meßquellen durch 4π-Zählung mittels der 4π(PC)-Meßeinrichtung, die zum Staatlichen Etalon der Einheit der Aktivität von festen und flüssigen Strahlungsquellen gehört [4], und Ermittlung der mittleren Meßquellenaktivität $\overline{A_i}$;
7. Berechnung der Flächenaktivität a_i nach der Beziehung

$$a_i = k \cdot \overline{A_i}/F_Q \text{ in Bq/cm}^2 \quad (4)$$

Aus der Maximalabweichung von ±0,3% der Aktivitätswerte A_{il} der Meßquellen wurde gefolgert, daß auch die Aktivitätsabweichungen der „Tropfenquellen" in den Rasterfeldern diesen Wert nicht überschreiten, so daß im vorliegenden Fall maximal mit einer Homogenitätsabweichung von 0,3% innerhalb der gesamten Quellenfläche gerechnet werden kann. Die Bestimmung der Schwankung der Teilchenflußdichte über der Flächenquelle in Abhängig-

Tab. 2. Sekundärnormalstrahlungsquellensätze für umschlossene γ-Strahlungsquellen

Nuklid	Kennzeichnung	Anzahl der Quellen	Aktivitätsbereich MBq	Quellenmaterial		Meßunsicherheit %
				Körper	Umhüllung	
^{226}Ra	GZ-0.	6	0,4 bis 0,4 · 10^3	$RaSO_4$-Salz	Glas	3
	PZ-3.	6	30 bis 1,5 · 10^3	$RaSO_4$-Salz	Pt-Ir	2
^{137}Cs	EZ-1.	13	0,3 bis 14 · 10^3	CsCl-Salz auf Keramik	Fe*) (LAB)	1,5
	EZ-2.	7	0,6 bis 1,1 · 10^3	CsCl-Salz auf Keramik	Fe*)	3
^{60}Co	GZ-0.	4	50 bis 0,4 · 10^3	Co-Metall	Glas	5
	GZ-1.	8	0,1 bis 0,4 · 10^2	Co-Metall	Glas	5
	AZ-2	7	1,1 bis 2,5 · 10^3	Co-Metall	Al	2
	EZ-0.	4	110 bis 14 · 10^3	Co-Metall	Fe*)	1

*) Edelstahl

Tab. 3. Sekundärnormalstrahlungsquellensätze für β-Flächenstrahlungsquellen

Nuklid	Kennzeichnung	Anzahl der Quellen	Flächenaktivitätsbereich Bq/cm^2	Quellenfläche, cm^2	d_A, d_R cm	Meßunsicherheit, %
^{204}Tl	KF-0.	3 G	1,3 bis 12	690	1,0	5
	KF-3.1.	1	680	234	0,003 0,003	2
^{90}Sr/^{90}Y	KF-0.	4 G	7,3 bis 4000	800	— 0,5	5
	KF-4.	7	0,5 bis 270	234	0,003 0,003	3
	KF-3.1	1	350	234	0,003 0,003	2
	KS-0.	2 G	68 bis 110	64	— 0,15	1,5
^{147}Pm	AF-0.1	1 G	0,3	380	— 0,15	5
^{60}Co	KF-3.1	1	420	234	0,003 0,003	2,5

Tab. 4. Sekundärnormalstrahlungsquellensätze für α-Strahlungsquellen

Nuklid	Kennzeichnung	Anzahl der Quellen	Flächenaktivitätsbereich Bq/cm^2	Quellenfläche, cm^2	d_A, d_R cm	Meßunsicherheit, %
	KF-0.	2 G	20 bis 220	254	— 1,2	7
^{239}Pu	KF-1.	2 G	120 bis 1270	11	— 0,6	7
	KF-2.1	1 G	370	19	0,0006 0,52	2
	KF-3.1	1	508	160	0,0006 0,002	2
	ES-0.	2 G	3,4 · 10^4 bis 4,2 · 10^4	0,2	— 0,3	2
^{238}U	AS-0.1	1 G	1660	5,3	0,0006 0,07	2,5

keit vom Abstand Quelle—Detektor ergab für eine Detketoreintrittsfläche von 4 cm², daß schon bei ca. 1 cm Abstand nur noch Abweichungen von $\pm 0{,}7\%$ von einer mittleren Teilchenflußdichte, die auf die gesamte Quellenfläche bezogen ist, feststellbar waren. Die nach obigen Verfahren hergestellten Flächenquellen können daher für Abstände Quelle—Detektor über 1 cm hinsichtlich ihres Teilchenflusses als Quellen mit homogener Aktivitätsbelegung angesehen werden.

Die Ermittlung der Korrektionsfaktoren ergab folgende Werte für:

Absorption in der Abdeckung	$K_F = 1{,}163$
Selbstabsorption	$K_Q = 1{,}015$
Rückstreuung an der Unterlage	$K_R = 0{,}999$

Damit können die Flächenquellen als selbstabsorptionsarme und quasi rückstreufreie Normalstrahlungsquellen mit bekannter Korrektur bezüglich der Absorption in der Abdeckung angesehen werden. Die Meßunsicherheit der Werte der Flächenaktivität wurde zu $\pm 3\%$ (für $P = 95\%$) abgeschätzt.

Durch die Möglichkeit des Anbringens von Absorptions- bzw. Rückstreumateralien über bzw. unter den Flächenquellen und des Ausblendens bestimmter Flächenbezirke können diese Normalstrahlungsquellen dem anzuschließenden Quellentyp angepaßt werden, so daß ein Aktivitätsanschluß nach der einfachen Beziehung (1) möglich wird. Dies setzt insbesondere auch die Gleichheit der Korrektionsfaktoren K_Q für die Selbstabsorption voraus. Ist dies nicht der Fall oder kann die Selbstabsorption der anzuschließenden Flächenquelle aus ihren geometrischen und stofflichen Daten nicht abgeschätzt werden, so wird der erfahrungsgemäß kleinen Abweichung des Quotienten der K_Q-Werte von eins durch Erhöhung des systematischen Fehleranteils der Meßunsicherheit für den Aktivitätswert des Prüflings Rechnung getragen. Für den Quotienten der Korrektionsfaktoren K_p für die radioaktiven Verunreinigungen gelten analoge Überlegungen.

3. Zusammenstellung der Sekundärnormalstrahlungsquellensätze des ASMW

In den folgenden Tabellen sind die im ASMW zur Weitergabe der Aktivitätseinheit mittels Sekundärnormalstrahlungsquellen bereitstehenden Sätze und Einzelquellen für die einzelnen Strahlungsarten zusammengestellt.

Gamma-Strahlungsquellen

Die Aktivitätswerte der beiden Sätze von ^{226}Ra-Quellen wurden durch Messungen mit Primärnormalen anderer Staatsinstitute ermittelt und durch internationale Aktivitätsvergleiche abgesichert. Alle in Tab. 2 aufgeführten Quellen haben zylinderförmige aktive Quellenkörper mit Durchmessern von $\varnothing \leqq 0{,}5$ cm und Quellenumhüllungen mit Dicken von $d \leqq 0{,}2$ cm, wobei letztere teilweise noch in einen Anteil der eigentlichen Umhüllung des aktiven Körpers und in einen Fassungs- mit Halterungsanteil aufzuteilen sind.

Beta-Flächenstrahlungsquellen

Für β-strahlende Nuklide wurden im ASMW bisher vorwiegend großflächige Strahlungsquellen nach dem Rastverfahren hergestellt, da dieser Quellentyp für die Richtighaltung insbesondere von Oberflächenkontaminationsmeßgeräten von Bedeutung ist. Die mit *G* bezeichneten Quellen wurden von anderen Institutionen nach Spray- oder Gießverfahren hergestellt, um eine möglichst gleichmäßige Verteilung der radioaktiven Lösung oder Emulsion auf einer festen Quellenunterlage zu erreichen. Die Ermittlung der Aktivitätskonzentration dieser Lösungen und Emulsionen basiert im allgemeinen auf absoluten Aktivitätsmessungen an entsprechenden Meßstrahlungsquellen.

Die bei diesem Herstellungsverfahren auftretenden Homogenitätsabweichungen von im günstigsten Falle $\leq 3\%$ liegen aber wesentlich höher als die entsprechenden Werte des Rasterverfahrens.

Die in der Tab. 3 angegebenen Quellen haben mit Ausnahme der beiden kreisförmigen Sr/Y-Quellen KS-O eine rechteckige Form und Abdeckungen bzw. Unterlagen aus Kunststoff mit den Dicken d_A bzw. d_R. Im Falle der ^{147}Pm-Quelle besteht die Unterlage aus Aluminium.

Alpha-Strahlungsquellen

Für α-strahlende Nuklide wurden bisher ebenfalls nur Flächenquellen (siehe Tab. 4) hergestellt, wobei hier vorwiegend das Gießverfahren zur Anwendung kam, um durch Einbettung der radioaktiven Substanz in eine ausgehärtete Emulsion der höheren Gefahrenklasse dieser Nuklide Rechnung zu tragen. Die Ermittlung der Aktivitätskonzentration dieser Lösungen oder Emulsionen erfolgte ebenfalls durch absolute Messungen der Aktivität entsprechender Meßstrahlungsquellen ($4\pi\alpha$-Zählung bzw. $4\pi\alpha$-γ-Koinzidenzmessung). Die ^{239}Pu-Quellen haben mit Ausnahme der letzten beiden Quellen auf einer Stahlunterlage Abdeckungen und Unterlagen aus Kunststoff, während die $_2{}^{38}$U-Quelle eine Aluminiumunterlage besitzt.

Eingegangen am 23. 7. 1980

Literatur

[1] *F. M. Karawajew* u. a., Isotopenpraxis **11** (1975) 395
[2] *E. Schönfeld, R. Brust, H. Greupner*, Isotopenpraxis **11** (1975) 347
[3] TGL 31542/09 Staatliche Etalons; Staatliches Etalon der Einheit der Aktivität von festen und flüssigen radioaktiven Strahlungsquellen
[4] ASMW-Forschungsbericht, Berlin 1975
[5] *F. Gühne*, Isotopenpraxis **6** (1972) 201

Систематические погрешности при относительных измерениях активности нуклидов в источниках бета-излучения*)

А. Е. Кочин, М. Г. Кузьмина, И. А. Соколова

(WPO „Wissenschaftliches Allunions-Forschungsinstitut für Metrologie D. I. Mendelejew" der UdSSR, WNIIM)[1])

Подробно рассматриваются два принципиальных компонент систематической ошибки относительного измерения активности источников бета-излучения с большой активной поверхностью, а именно неидентичность сравниваемых источников в отношении толщины активного слоя и перекрывающих слоев, а также неоднородность распределения активности нуклидов по поверхности источников. Возможно избежание или сокращени данных источников ошибок путем использования специального коллиматора и выбора соответствующего расстояния между источником и детектором.

Keywords

beta sources; counting techniques; errors; radioactivity

При относительных измерениях активности нуклидов в бета-источниках с большой активной поверхностью существуют две главные причины появления систематической погрешности:

1. неидентичность сравниваемых источников по толщине (поверхностной плотности) активности слоя и защитного покрытия;

2. неравномерность распределения активности нуклидов по площади источника.

Стандартный способ оценки систематической погрешности из-за различия в толщине активногоили защитного слоя заключается в измерении для данной геометрии источник-детектор зависимости скорости счета импульсов регистрации бета-частиц (в относительных единицах) от толщины активного или защитного слоя d. т. е. кривой поглощения, и определении при известном допустимом значении Δd систематической погрешности

$$\Theta_1 = \frac{\Delta N}{N} \tag{1}$$

Эта погрешность обычно имеет наибольшее значение по сравнению с другими составляющими систематической погрешности. Ее можно уменьшить или исключить, искусственно создавая условия, близкие к методу сравнения „точечных" бета-источников.

Для „точечных" источников известен [1] аномальным вид кривой поглощения при измерении скорости счеста импульсов в условиях малого телесного угла, характеризующийся тем, что при небольших увеличениях d скорость счета может не меняться или даже увеличиваться за счет преобладания эффекта рассеяния бета-часгиц в сторону детектора над эффектом поглощения бета-частиц в слое d.

Этот эффект непосредственно используется для сравнения „точечных" источников [1], когда небольшие изменения толщины активного слоя или защитного покрытия сравниваемых бета-источников не вносят дополнительной ошибки в измерение активности нуклида.

Однако при увеличении активной поверхности источника этот эффект пропадает, и характер кривой поглощения приближается к экспоненте.

Как показали исследования, для источников, имеющих большую активную поверхность, аномальный эффект может быть получен в случае имитации условий малого телесного угла. Для этой цели из общего потока частиц необходимо выделить бета-частицы, вылетающие в направлении, близком к нормали к поверхности источника, например, с помощью толстослойного коллиматора с большим числом отверстий малого диаметра, устанавливаемого перед детектором.

Для источников $^{90}Sr + ^{90}Y$ с активной поверхностью 160 *см*^{2} при использовании газоразрядных 2π-счетчиков, расположенных вплотную к источнику, наклон кривой поглощения обычно составляет 0,5% на 1 *мкм* алюминиевой фольги. Наклон уменьшается при увеличении расстояния между источником и детектором и при применении фильтров перед детектором. Использование коллиматора толщиной 20 *мм* и площадью более 160 *см*^{2} с отверстиями диаметром 5 *мм* (два отверстия на 1 *см*^{2}) приводит к тому, что при расстояниях 30—50 *см* кривая поглощения имеет практически горизонтальный участок в диапазоне дополнительных толщин $d = 50 \div 100$ *мкм*, что значительно больше возможных отклонений в источниках. Разумеется, что полная эффективность детектора в этом случае резко уменьшается, поэтому наиболее эффективно метод можно использовать для исключения систематической погрешности Θ_1 в диапазоне более 10^5 *Бк*.

Другим основным источником систематической погрешности является неравномерность распределения активного слоя по площади источника. Анализ этой погрешности позволяет сформулировать объективные требования как к величине неравномерности и характеру распределения активного слоя, так и к характеристикам установки для относительных измерений.

Практика измерений активности нуклидов образцовых источников $^{90}Sr + ^{90}Y$ показывает, что неравномерность активного слоя обычно проявляется в наличии одного, редко двух участков с повышенным (пониженным) значением поверхностной активности.

Рассмотрим при этом условии, как изменяется скорость счета ΔN при перераспределении активности источника A таким образом, чтобы на ограниченном

*) Vortrag, vorgelegt auf dem „Internationalen Erfahrungsaustausch auf dem Gebiet der Messung ionisierender Strahlung", veranstaltet vom ASMW vom 13.–16. Mai 1980 in Berlin

[1]) Anschrift: SU-198005 Leningrad, Moskauer Prospekt 19

участке s удельная поверхностная активность была бы на h больше среднего значения, т. е. $\frac{A}{S}(1+h)s$. Тогда на других участках она уменьшится, чтобы сохранилось значение активности А.

Очевидно, что относительное изменение скорости счета при этом будет равно

$$\frac{\Delta N}{N} = \Theta_2 = h\frac{s}{S}\frac{1-\varepsilon_1/\varepsilon_{\text{ср}}}{1-s/S} \tag{2}$$

где s — площадь выделенного участка с отклонением поверхностной удельной активности на h;

h — отклонение уровня активности на участке площадью s;

S — площадь всей активной поверхности источника;

ε_1 — полная эффективность для заданного участка s;

$\varepsilon_{\text{ср}}$ — среднее значение эффективности по всем участкам источника.

При наличии двух одинаковых участков s, но с разными значениями h

$$\Theta_2 = \frac{s}{S}\,\frac{h_1\left(1-\frac{\varepsilon_1}{\varepsilon_{\text{ср}}}\right)+h_2\left(1-\frac{\varepsilon_2}{\varepsilon_{\text{ср}}}\right)+\frac{s}{S}\left(\frac{\varepsilon_1}{\varepsilon_{\text{ср}}}-\frac{\varepsilon_2}{\varepsilon_{\text{ср}}}\right)(h_1-h_2)}{1-2\frac{s}{S}} \tag{3}$$

Из формулы (3) хорошо видно, что микронеравномерности разного знака на близких участках ($\varepsilon_1 = \varepsilon_2$) не приводят к появлению систематической погрешности.

Поскольку неравномерность активного слоя может быть присуща обоим сравнивниваемым источникам как образцовому, так и поверяемому, систематическая погрешность аттестации будет равна

$$\Theta = k(\Theta_{2\text{п}}^2 + \Theta_{20}^2)^{1/2}, \tag{4}$$

где $\Theta_{2\text{п}}$ — систематическая погрешность из-за неравномерности поверяемого источника;

Θ_{20} — систематическая погрешность из-за неравномерности образцового источника;

k — коэффициент, зависящий от принятой доверительной вероятности ($k = 1{,}1 \div 1{,}4$ при $P = 0{,}95 \div 0{,}99$).

В ряде случаев расчет погрешности можно упростить, если считать, что в источниках имеется по одной области с отклонением уровня активности и наибольшие отклонения эффективности по сравнению со средним значением. Тогда

$$\Theta \approx k(h_0^2 + h_\text{п}^2)^{1/2}\frac{s}{S}\frac{1-\varepsilon/\varepsilon_{\text{ср}}}{1-s/S} \tag{5}$$

Такая оценка возможна, если при исследованиях оценены средние значения s/S для источников и измерена отностиельная эффективность регистранции бета-частиц для разных участков активной поверхности площадью s в применяемой геометрии источник-детектор по сравнению со средним значением для всех участков.

Из рассмотрения двух основных источников систематической погрешности при относительных измерениях бета-источников можно сделать следующие выводы.

1. Составляющая систематической погрешности из-за различия источников по толщине активного и защитного слоев может быть исключена или уменьшена путем подбора специального коллиматора и расстояния между источником и детектором.

2. Составляющая систематической погрешности из-за неравномерности распределения активного слоя по площади источника определяется площадью участков с отклонением в уровне активности, величиной отклонения и относительным изменением эффективности детектора для различных участков бета-источника в заданных геометрических условиях измерений. Для ее уменьшения можно применить коллиматор с неравномерным расположением отверстий, чтобы сделать чувствительность детектора постоянной для всех участков бета-источника.

Таким образом, анализ составляющих систематической погрешности дает возможность правильно оценить и уменьшить погрешность измерений, позволяет выбрать оптимальные условия сравнения протяженных бета-источников, что существенно способствует повышению точности измерения активности нуклидов бета-источников с большой активной поверхностью.

Поступила в редакцию 23/VII, 1980г.

Литература

[1] *А. И. Денисиков, Г. А. Дорофеев, В. П. Соболев*, Применение „невесомого“ источника для определения самопоглощения в тонких бета-источниках. В сб. „Standardization of radionuclides“, IAEA, Vienna 1967

Informationen

IAEA. Im Bulletin 3/4-1980 der Internationalen Atomenergie-Agentur sind u. a. folgende Beiträge enthalten:

The Present Status of IAEA Safeguards on Nuclear Fuel Cycle Facilities;

International Safeguards — The Quantification Issue (*J. Jennekens*);

Nuclear Safeguards in the European Community — A Regional Approach (*H. W. Schleicher*);

International Plutonium Storage Schemes (*R. Imai*);

The Convention on the Physical Protection of Nuclear Material (*D. L. Siazon* Jr.);

Feasibility of Safe Terminal Disposal of Spent Nuclear Fuel (*B. Nilsson, T. Papp*);

The Negotiation of the Non-Proliferation Treaty (NPT) (*B. Goldschmidt*);

The Non-Proliferation of Nuclear Weapons in Latin America (*H. Gros Espiell*);

A Review of Progress in Disarmament: 1975—1980 (*J. Mårtenson*);

Developing Countries and the NPT (*A. M. Cissé*);

Co-operation among CMEA Member Countries in the Development of Nuclear Energy. Its Role in the Implementation of the NPT (*A. F. Panasenkov*).

The described measuring appliance renders possible determination of the activity of radiation sources based on the nuclides Cd 109, I 125, Ce 139 and Hg 197 with an error of about 2 %.

С помощью описанного измерительного устройства можно определить активность источников излучения по нуклидам ^{109}Cd, ^{125}I, ^{139}Ce и ^{197}Hg с точностью около 2 %.

K.-H. Sucker, B. Schoenfeld, R. Brust, H. Greupner, H. Rothe

Creation of Absolutely Connected Sets of Standard Radiation Sources for Practical Dissemination of the Activity Unit

Isotopenpraxis 17 (1981) No. 2, p. 79 to 82
– Fig., 4 Tab., 5 Ref.

At ASMW for rational connection of sealed gamma-radiation sources and of beta-plane-radiation sources to be used as reference standards to the activity unit, several stets of secondary standard radiation sources with stepped activity values have been created. As to their geometric and material design they were performed in a way, as to correspond totally with the radiation sources to be connected, or as to be subject to alterations rendering possible avoidance of corrections in measurement of connection values by means of relative techniques, such as corrections caused by self-absorption and absorption of canning material of gamma-sources, or elimination of corrections otherwise caused by absorption by the ceiling and by backscattering by the support of beta-plane-radiation sources.
The process of producing the radiation sources and the technique of absolute connection to the primary standard of the activity unit are described for one set of gamma- and beta-radiation sources each, and a survey of the standard radiation source sets available at ASMW, differentiated to kind of nuclides, type of sources, activity values, design and achieved measuring accuracy, is given.

К.-Х. Суккер, Э. Шенфельд, Р. Бруст, Х. Гройпнер, Х. Роте

Предоставление абсолютно соединяемых комплектов источников излучения для практического распространения единицы активности

Isotopenpraxis 17 (1981) вып. 2, стр. 79 до 82
– рс., 4 табл., 5 лит.

В АСМВ для рационального соединения к единице активности закрытых источников гамма-излучения и источников плоскостного бета-излучения, используемых в практике в качестве эталонов, были созданы некоторые комплекты источников вторичного нормального излучения с ступенчатыми значениями активности. В отношении их геометрического и материального оформления они были исполнены с тем, чтобы они полностью соответствовали соединяемым источникам излучения, или же чтобы они могли быть переделаны так, чтобы в связи с измерением величин соединения методом относительного измерения удалось избегать определенных поправок, например относительно самопоглощения гамма-источников или поглощения оболочкой, или же устранить их, например относительно поглощения маской и обратного рассеяния подкладкой источников плоскостного бета-излучения.
Применительно к одному комплекту источников гамма- и бета-излучения относительно описывается процесс изготовления источников излучения и способ абсолютного соединения к первичному эталону единицы активности. Дается обзор об имеющихся в АСМВ комплектах источников эталонного излучения с различением по видам нуклидов, типам источников, значениям активности, конструкции и полученным чувствительностям измерения.

A. E. Kochine, M. G. Kousmine, I. A. Sokolova

Systematic Error of Relative Measurement of Nuclide Activity in Beta-Radiation Sources (*in Russian*)

Isotopenpraxis 17 (1981) No. 2, p. 83 to 84
– Fig., – Tab., 1 Ref.

Two principal components of the systematic error in relative measurement of the activity of beta-radiation sources having large active surfaces are closely investigated: the non-identity of the sources to be compared as far as the thickness of active layers and of the covering layer, as well as the inhomogeneity of nuclide activity distribution over the surface of the sources is concerned. These sources of error may be avoided or reduced by using a special collimator and chosing a suitable distance between the source and the detector.

А. Э. Кочин, М. Г. Кузмин, И. А. Соколова

Систематическая ошибка относительного измерения активности нуклидов в источниках бета-излучения (*на русск. зяыке*)

Isotopenpraxis 17 (1981) вып. 2, стр. 83 до 84
– рис., – табл., 1 лит.

Подробно рассматриваются два принципиальных компонент систематической ошибки относительного измерения активности источников бета-излучения с большой активной поверхностью, а именно неидентичность сравниваемых источников в отношении толщины активного слоя и перекрывающих слоев, а также неоднородность распределения активности нуклидов по поверхности источников. Возможно избежание или сокращение данных источников ошибок путем использования специального коллиматора и выбора соответствующего расстояния между источником и детектором.

Information

Isotopenpraxis 17 (1981) No. 2, p. 84

Новости

Isotopenpraxis 17 (1981) вып. 2, стр. 84

(Fortsetzung des Inhaltsverzeichnisses)

Aktivitätseinheit von Elektroneneinfangstrahlern eingesetzt wird. Das Detektorsystem der Meßeinrichtung besteht aus zwei vertikal angeordneten Szintillationsmeßköpfen in einer lichtdichten, 5 cm dicken Bleiabschirmung. Die Meßköpfe können mit Szintillatoren unterschiedlicher Dicke zum Nachweis von Röntgenstrahlung im Energiebereich von 10 bis 100 keV bestückt werden.
Die verschiedenen mit der 4πX-Normalmeßeinrichtung möglichen Methoden der Aktivitätsbestimmung von Elektroneneinfangstrahlern werden zusammengestellt und diskutiert. Als Beispiel wird die Aktivitätsbestimmung einer ^{125}I-Lösung beschrieben. Es ergaben sich dabei nach der Summenkoinzidenzmethode und nach der X(EC)-X(IC),γ-Koinzidenzmethode Meßunsicherheiten von 1,3 bzw. 1,0 %, bei einer Übereinstimmung der beiden Aktivitätswerte bis auf 0,1 %.
Die Aktivität von Strahlungsquellen der Nuklide ^{109}Cd, ^{125}I, ^{139}Ce, ^{197}Hg kann mit der beschriebenen Meßeinrichtung mit einer Meßunsicherheit von etwa 2 % bestimmt werden.

K.-H. Sucker, E. Schönfeld, R. Brust, H. Greupner, H. Rothe

Bereitstellung absolut angeschlossener Normalstrahlungsquellensätze für die praxisorientierte Weitergabe der Aktivitätseinheit

Isotopenpraxis 17 (1981) H. 2, S. 79 bis 82
– Abb., 4 Tab., 5 Lit.

Für den rationellen Anschluß von umschlossenen γ-Strahlungsquellen und von β-Flächenstrahlungsquellen, die in der Praxis als Referenznormale eingesetzt werden, an die Aktivitätseinheit wurden im ASMW mehrere Sätze von Sekundärnormalstrahlungsquellen mit abgestuften Aktivitätswerten geschaffen. Sie wurden hinsichtlich ihres geometrischen und stofflichen Aufbaus so konzipiert, daß sie den anzuschließenden

(Fortsetzung des Inhaltsverzeichnisses auf der 3. Umschlagseite)

W. Riedel, D. Mueller, P. Morgenstern

Use of Computer Circuits for On-Line Data Processing

Isotopenpraxis 17 (1981) No. 2, p. 62 to 65
3 Fig., – Tab., 6 Ref.

A programmable microcomputer designed by using computer circuits which owing to easy programming may be used in cases, where counting rates with simple mathematical interconnections have to be evaluated without using large memories and where the use of microprocessors is not justified for economical reasons, is described. Start-stop control to Interface SI 1.2 with series counter, as well as printing of computing results are possible.

В. Ридель, Д. Мюллер, П. Моргенштерн

Использование вычислительных схем для прямой обработки данных

Isotopenpraxis 17 (1981) вып. 2, стр. 62 до 65
3 рис., – табл., 6 лит.

Описывается созданная с использованием вычислительных схем программируемая микро-ЭВМ, которая благодаря отсутствию проблем программирования жомет находить применение там, где нужно обработать результаты счета с простой математической связью без использования крупных накопителей данных и использование микропроцессоров экономически не оправдается. Возможны стартстопное управление согл. Интерфейс SI 1.2 с предвключенным счетчиком, а также печатание результатов вычислений.

R. Kunze, H. Korn, H. Hegewald, V. Schirrmeister

Performance and Results of a Comparison between Radiotherapeutic Centres of the GDR by Means of Thermoluminescence Dosemeters

Isotopenpraxis 17 (1981) No. 2, p. 65 to 67
2 Fig., 1 Tab., 12 Ref.

In order to secure uniformity and correctness of absorbed-dose measurement in the GDR, between radiotherapeutic centres of the GDR and ASMW a comparison was performed by means of LiF thermoluminescence dosimeters, which was based on a IAEA/WHO programme. The comparison, in which 12 institutions participated, was related to ^{60}Co radiation. The TL dosimeter was irradiated with a present dose in a water phantom 5 cm under surface.
88 % of all measured values were found to be within the measuring error ranging 5 %. In institutions, where deviations of more than 5 % had been found, a second comparison was performed.
At the same time, the techniques and measuring devices used in clinics for the determination of absorbed doses are analyzed.

Р. Кунце, Х. Корн, Х. Хегевальд, В. Ширрмайстер

Осуществление и результаты сравнения между радиотерапевтическими центрами ГДР с помощью термолюминесцентных дозиметров

Isotopenpraxis 17 (1981) вып. 2, стр. 65 до 67
2 рис., 1 табл., 12 лит.

В целях обеспечения в ГДР однородности и правильности измерения поглощенной дозы, между радиотерапевтическими центрами ГДР и АСМВ осуществлено сравнение с помощью LiF-термолюминесцентных дозиметров на основании программы МАГ/ВОЗ. Сравение, в котором принимали участие 12 учреждений, было проведено применительно к гамма-излучению по ^{60}Co. Термолюминесцентные дозиметры облучались с заданной дозой в водном фантоме на глубине 5 *см*.
88 % всех установленных значений лежали в пределах характерной для данного способа сравнения погрешности в 5 %. В учреждениях, которые получили отклонение от заданной дозы более 5 %, было проведено второе сравнение.
Также приводится анализ используемых в клиниках для определения поглощенной дозы способов и средств измерения.

D. Richter, R. Brust, H. Rothe

Results of Spectrometric Investigations of X- and Gamma Radiation Fields of Dosimetric Irradiation Plants

Isotopenpraxis 17 (1981) No. 2, p. 68 to 73
8 Fig., 1 Tab., 3 Ref.

When irradiation plants are used for the determination and dissemination of units of dosimetric values, the knowledge of energy distribution of the emitted radiation is of special importance. The results of spectrometric investigations performed on the plants used at ASMW for the production of quantum radiation, that means on the 2-MV Van de Graaff accelerator, a 250 kV and a 60 kV roentgen therapy plant and on several irradiation plants for collimated and incident from all sides gamma radiation, are reported. The methods of determination of pulse height distribution as well as their evaluation for the determination of energy distribution are briefly presented. At last, the dependence of achievedl spectres on various parameters, such as excitation potential, additiona fltration and collimation conditions, is discussed.

Д. Рихтер, Р. Бруст, Х. Роте

Резултаты спектрометрического исследования полей рентгеновского и гамма-излучения дозиметрических радиационных установок

Isotopenpraxis 17 (1981) вып. 2, стр. 68 до 73
8 рис., 1 табл., 3 лит.

В связи с радиационными установками, используемыми для определения и распространения единиц дозиметрических величин, знание о распределении энергии выходящего излучения имеет особое значение. Докладывается о результатах спектрометрических исследований, выполненных на используемых в АСМВ для получения квантового излучения установках, т. е. на ускорителе Ван-де-Грааф 2 *мв*, на установках для рентгенотерапии 60 *кв* и 250 *кв* соответственно, а также на некоторых радиационных установках для коллимированного и попадающего со всех сторон гамма-излучения. Коротко излагаются методы определения распределения амплитуд импульсов и их расчетная обработка, выполненная для определения распределения энергии, и обсуждается зависимость полученных спектров от различных параметров, как напряжения возбуждения, дополнительной фильтрации и условий коллимации.

B. Schoenfeld, R. Brust, H. Greupner, H. Rothe

The 4π-X-Standard Measuring Apliance of ASMW

Isotopenpraxis 17 (1981) No. 2, p. 74 to 78
5 Fig., 1 Tab., 16 Ref.

The disign and the uses of a 4π-X-standard measuring appliance used by ASMW as a standard measuring appliance for the determination of the activity unit of electron capture radiators are described.
The detector system of the measuring appliance consists to two vertical scintillation probes arranged in a light-tight lead container 5 cm in thickness. Together with scintillators of various thickness, the measuring probes may be used for the detection of roentgen radiation ranging from 10 to 100 keV.
The various methods of determining the activity of electron capture radiators rendered possible by the use of the 4π-X standard measuring appliance are presented and discussed. As an example, the determination of the activity of a I-125 solution is described. The sum coincidence method and the X(EC)-X(IC), gamma-coindence method yielded measuring errors of 1·3 and 1·0 % correspondingly, while both activity values showed deviations up to 0·1 %.

Э. Шенфельд, Р. Бруст, Х. Гройпнер, Х. Роте

Нормальное измерительное устройство 4п-X АСМВ

Isotopenpraxis 17 (1981) вып. 2, стр. 74 до 78
5 рис., 1 табл., 16 лит.

Описываются конструкция и области применения используемого в АСМВ в качестве нормального измерительного устройства для определения единицы активности излучателей захвата нейтронов измерительного устройства 4п-X.
Детекротная система измерительного устройства состоит из двух вертикальных сцинтилляционных пробников, размещенных в светонепроницаемой свинцовой оболочке тольщиной стенок 5 *см*. Пробники могут быть соединены с сцинтилляторами различной толщины для обнаружения рентгеновского излучения в диапазоне энергии от 10 до 100 *кэв*.
Составляются и обсуждаются различные возможные с использованием нормального измерительного устройства 4п-X методы определения активности узлучателей захвата нейтронов. В качестве примера описывается процесс определения активности раствора ^{125}I. При этом, с применением метода накопления совпадений и метода гамма-совпадений X(EC)-X(IC) были получены ошибки измерения в 1,3 и 1,0 % соответственно, с совпадением обоих значений активности до 0,1 %.

Contents of this Issue

FSC
www.fsc.org
MIX
Papier | Fördert gute Waldnutzung
FSC® C083411

Zeitfracht Medien GmbH
Ferdinand-Jühlke-Straße 7
99095 Erfurt, Deutschland
produktsicherheit@kolibri360.de